工业和信息化"十三五"
人才培养规划教材

U0748291

iOS
开发基础教程

iOS Development Foundation Course

黄海 ◎ 编著

人民邮电出版社

北京

图书在版编目（ＣＩＰ）数据

iOS开发基础教程 / 黄海编著. -- 北京：人民邮电
出版社，2018.4（2019.4重印）
工业和信息化"十三五"人才培养规划教材
ISBN 978-7-115-44548-3

Ⅰ．①i… Ⅱ．①黄… Ⅲ．①移动终端－应用程序－
程序设计－高等学校－教材 Ⅳ．①TN929.53

中国版本图书馆CIP数据核字(2016)第326872号

内 容 提 要

本书共分 13 章，详细讲解 iOS 开发的各个知识点，内容包括 iOS 开发环境介绍，第一个 iOS 应用——"hello, world"，Cocoa Touch 框架的运行机制与开发流程，iOS 开发命名习惯与约定，iOS 用户界面元素之 UIView 与控件，导航控制器，故事板 Storyboard 与页面跳转，提醒用户，表视图之 UITableView，iOS 常用设计模式，iPad 开发之差异，数据存储，触摸与手势等内容。

本书既可作为高等院校本、专科计算机相关专业的教学用书，也可作为社会培训机构的参考用书，还可作为 iOS 开发爱好者的自学读物。

◆ 编　著　黄　海
责任编辑　范博涛
责任印制　马振武

◆ 人民邮电出版社出版发行　　北京市丰台区成寿寺路 11 号
邮编 100164　电子邮件 315@ptpress.com.cn
网址 http://www.ptpress.com.cn
固安县铭成印刷有限公司印刷

◆ 开本：787×1092　1/16
印张：13.5　　　　　2018 年 4 月第 1 版
字数：334 千字　　　2019 年 4 月河北第 2 次印刷

定价：39.80 元

读者服务热线：(010)81055256　印装质量热线：(010)81055316
反盗版热线：(010)81055315
广告经营许可证：京东工商广登字 20170147 号

前 言　　　FOREWORD

2007 年 1 月 iPhone 的诞生，引发了智能手机的革命，移动互联网浪潮席卷整个世界。如今人们的生活处处离不开智能手机，各类 App 已经深入人们的生活，人们开始习惯在手机上娱乐与消费，兴趣从桌面计算机全面地转向手机。苹果公司在智能手机市场中占据了相当比例的份额。很多公司开发产品，都是先开发苹果版，之后再做安卓版，因此 iOS 开发的重要性不言而喻。

然而各大院校，虽然有软件专业、移动应用开发专业，但都以 Android 开发为主，极少以 iOS 为主要教育方向的，这其中固然有硬件、成本等方面的原因，但有一个事实不能忽略，即缺乏合适的应用型教材。本书正由此而生。

本书共 13 章，从最基础的内容开始讲起，到讲完 iOS 的界面交互代码编写，着重于以纯代码方式构建各个界面，既要保证内容的质量，也不至于篇幅泛滥。各章节都配套了相关的源代码，方便读者学习使用。在各章节的末尾还设置了作业，供延展知识和练习使用。

iOS 界面构建时，超过 50%的工作都要用到 UITableView，它是 iOS 精心设计、功能强大的视图控件，因此本书也花了最大的篇幅来详细讲解，读者宜多花心思钻研该控件。

可视化界面构建方面，使用 Storyboard 和自动约束的相关内容，已经足够再写一本书，因而本书只是大概涉及，毕竟掌握了纯代码的构建方式，再学可视化构建将手到擒来。

网络连接方面本书也未涉及，因涉及网络的各方面知识还有数据解析，均需大量篇幅，因此作罢，若掌握本书内容后，可自学掌握。

苹果公司每年都会更新 iOS 版本，本书出版时为 iOS 10，使用开发工具为 Xcode 8，所有的代码都在该平台下运行通过。

本书所涉及的 PPT 和源代码文件可从出版社网站（www.ryjiaoyu.com）下载使用。

编者
2017年11月

目录 / CONTENTS

Chapter

1

第 1 章
iOS 开发环境介绍

1.1　开发前准备

首先需要准备一台 Mac 计算机，装上 Mac OS X 操作系统，本书定稿时，最新版 Mac OS 为 10.12 Sierra。Mac OS X 自版本 10.10 及以后的版本都是免费的，没有 Mac 计算机的话，在某些普通 PC 上可以安装所谓的"黑苹果"来开发，只是操作体验没有 Mac 计算机好。

1.1.1　iOS 介绍

iOS 是由苹果公司开发的移动操作系统。2007 年 iPhone 诞生，当时的操作系统还不叫 iOS，而是"iPhone OS"，直到 2010 年 iPad 诞生后，因为使用同一个系统，因此才改名为"iOS"。iOS 一般每年进行一次大的升级，本书写作时，iOS 10 为最新正式版。

iOS 是 iPhone、iPad、iPod Touch 等苹果设备的灵魂，正是有了 iOS，苹果产品的使用体验才出类拔萃，目前国内很多安卓 App 的风格，均受 iOS 的影响。

1.1.2　Mac OS 介绍

Mac OS 的历史非常悠久，20 世纪 80 年代就有了，其率先实现了窗口系统，并影响了微软的 Windows 的设计。Mac OS 自乔布斯回归苹果后，架构发生了很大的改变，使用了 NextStep（乔布斯出走苹果后创办的一家软件公司的名字）的软件，现在的 Cocoa（即苹果官方开发框架之名）库中的众多 NS 开头的方法，就是 NextStep 的首字母缩写，尤其苹果产品转用 intel CPU 后，将底层的内核改为 UNIX，与 Free BSD（UNIX 移植到普通 PC 后的一个衍生系统，非常著名，与之齐名的还有 Net BSD、Open BSD）的关系最为接近，自此 Mac OS 开始在程序员中非常流行，因为其既有着华丽而舒适的操作界面，又接上了 UNIX 的地气，拥有了众多 UNIX/Linux 软件的支持，因而非常受开发人员的青睐。

另外，众所周知的开源（即公开源代码）软件运动，就是自 UNIX 闭源开始的，20 世纪的一群黑客，为了摆脱闭源以及专利的束缚，以 Richard Stallman（理查德·斯托曼）为首带头发起了开源运动，其创办了"自由软件基金会"（Free Software Foundation），组织了 GNU 项目，将 UNIX 的软件一一重写，企图制作一个完整的、开源的、完全自由的类 UNIX 操作系统。在这些突破的基础上，开源软件轰轰烈烈地一直健康发展到如今，连微软都不得不选择开源。Mac OS 建立在 UNIX 之上之后，拥有了完备的 UNIX 基础，对接上了这众多的开源软件，比较而言，Windows 平台却显得不方便了。

1.1.3　开发之软硬件环境要求

类似微软公司鼎鼎大名的 Visual Studio，苹果公司同样为开发人员准备了统一的免费的开发环境——Xcode。其功能很强大，本书所有的示例代码均在 Xcode 之下开发。

综上所述，开发需要的软件环境为：Mac OS X ＋ Xcode，硬件则需要 Mac 计算机，或者可以安装"黑苹果"的 PC。

1.2　Xcode 集成开发环境的安装与使用

1.2.1　下载与安装 Xcode

最简单的方法是打开 Mac OS X 的 App Store，在其中搜索 Xcode，如图 1-1 所示。

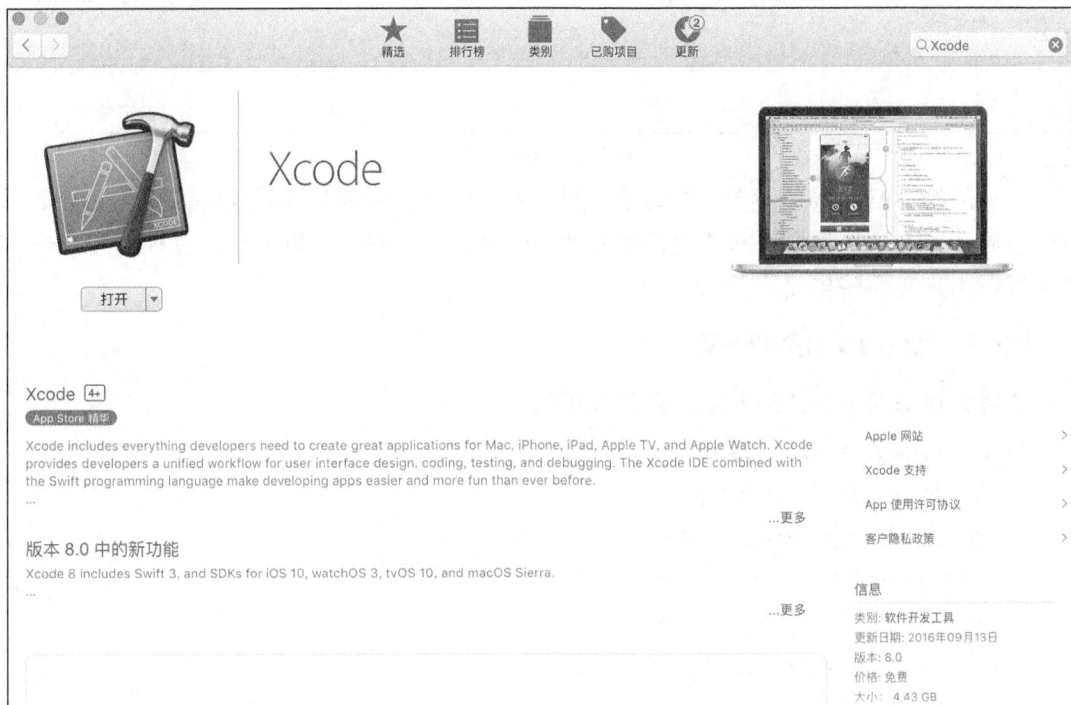

图 1-1　Mac App Store

随后只需简单地选择安装即可，或者直接去苹果官网下载亦可。

1.2.2　Xcode 界面布局与功能介绍

Xcode 界面如图 1-2 所示。

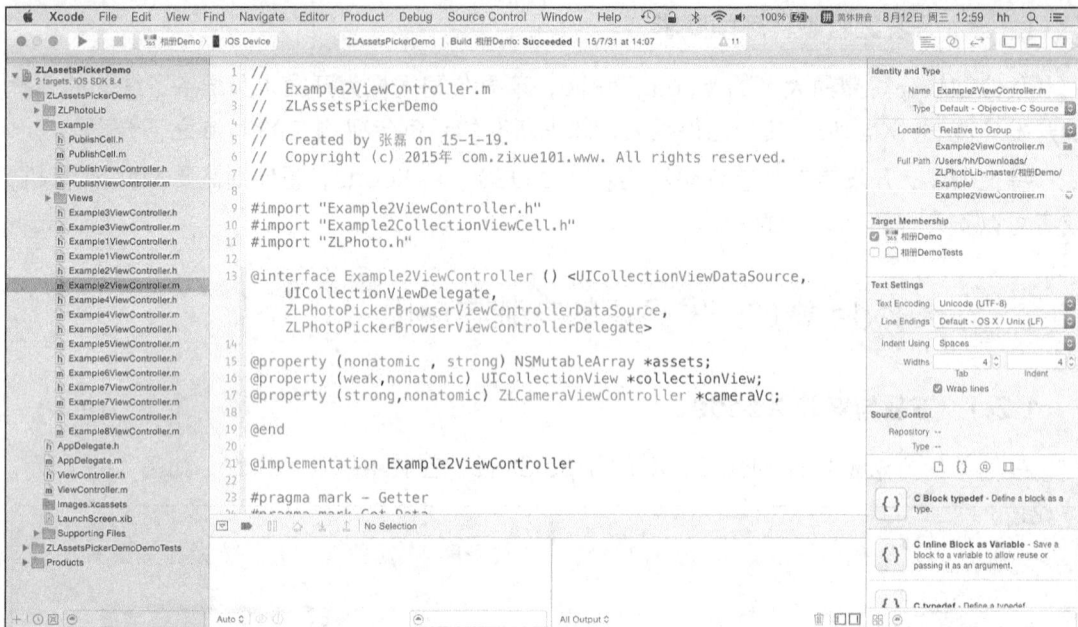

图 1-2 Xcode 界面

与一般的 IDE 布局差不多，左边是项目文件树列表，中间是编辑代码区域，下面是调试信息展示，右边上面是一些选项调整和帮助信息，下面是一些额外功能及控件列表等，并可以自由定义哪些界面不显示。

1.2.3 Xcode 常用快捷键

掌握快捷键对于快速的开发是非常有用的。

首先，编辑快捷键默认是 Emacs 格式的，比如：

➢ contro+A 光标移动到行首；

➢ contro +E 光标移动到行尾；

➢ contro +P 光标移动到上一行；

➢ contro +N 光标移动到下一行；

➢ contro +K 从光标位置到行尾的内容都删除；

➢ contro +K 删除当前行。

注：在 PC 键盘上 contro 键等同于 Ctrl 键

复制粘贴操作则是：

➢ command+A 全选；

➢ command+C 复制；

➢ command+V 粘贴；

➢ command+X 剪切。

其他快捷键：

➢ command+单击找到光标下的符号的定义（重要！最常用）；

➢ command+R 运行。

基本上掌握了这些快捷键就够用了。

1.3　Objective C 语言和 Swift 语言

1.3.1　Objective C 语言介绍

不同于市面上其他流行的语言，Objective C 语言是因为苹果公司才发展壮大的。其语言的特点与其他的主流语言相差较大，但是功能一点都不弱，用习惯了非常方便。Objective C 语言与 C++都是通过给 C 语言加上面向对象功能发展而来，C++的体量已经庞大到和 C 语言差不多，而 Objective C 却保持了小巧的体积。Objective C 更多的是借鉴了面向对象语言 smallTalk 的特点，强调对象之间通过发送消息来通信，其独特的方括号语法处处都有，比如：[object reload] 表示向 object 对象发送一个名为 reload 的消息（reload 实质上是 object 对象的一个方法）。

1.3.2　Swift 语言介绍

Swift 是苹果公司于 2014 年 6 月的 WWDC 大会上发布的一种新语言，由苹果公司完全开发，未来将替代 Objective C。Swift 像脚本语言，但又拥有编译运行的速度，拥有很多现代语言的特征，非常适合于快速开发。但从目前来看，2 年多的时间，Swift 发展到3.0 版本，语法变化很大，而且不能向前兼容，导致之前用 Swift 2.0 编写的代码必须大量修改才能运行（当然苹果公司在 Xcode 8 提供了自动转换新语法的功能，但是仍然不能完全转换，需人工介入），因此 Swift 语言短时间内还替代不了 Objective C。

1.4　如何使用文档及获取帮助

1.4.1　Xcode 帮助文档的使用

在代码中，可以按住 Command 键不放，此时用鼠标单击某类或者变量，可以跳到其定义处。读者可以通过这种方式查看 Cocoa 类的头文件，查看有哪些属性和方法，这对于熟悉某个类的使用方法非常有帮助。

还有一种方法，鼠标停留在某处时，查看 Xcode 右边的帮助界面，如图 1-3 所示。

图 1-3　Xcode 帮助

右边的帮助界面，显示为鼠标此时所在位置（一般为类名、方法名等，图 1-3 中鼠标位置在最下面红圈处的 initWithItems 方法处）的帮助内容，可以单击其中蓝色的链接进行详细查看。

1.4.2　开发中遇到问题如何寻求帮助

开发 App 时，会不可避免地遇到难以解决的问题或错误。如果通过调试始终不能找到错误所在，第一种方法是把错误信息复制到搜索引擎进行搜索。一般而言，谷歌的搜索结果最好，但是因为某种原因，谷歌在中国大陆不能使用，可以代之以微软的搜索引擎"必应"（http://www.bing.com），百度的结果相对差点。

第二种方法是上论坛提问。这方面的资料一般国外的多，最有名的当属 Stack Overflow（http://www.stackoverflow.com），通常别的地方找不到的问题这上面都有。国内的有 cocoa china（http://www.cocoachina.com）较为不错。

第三种方法是找一些 iOS 开发方面的 qq 群。

第四种方法是上 github（http://www.github.com），它可以说是现在世界上最大的开源项目中心，还有无数的第三方库可供使用。有些问题，自己不好解决，完全可以通过第三方库来解决。另外，通过这些开源的项目，可以学习到高手的代码，对提高自己非常有用。

1.4.3　提问的方式

在网上求助时，要注意提问的方式。要把环境描述清楚，把错误信息粘贴完整，并突出重点。他人没有义务一定解答，所以要为别人考虑，尽量把信息组织得清晰易懂，他人提供帮助时也更加方便。

笔者曾经使用 github 的一个世界著名的开源库 YYKit，使用中发现了一些 bug，当即在 github 的该项目的主页上报告了该 bug（在 issue 选项卡中报告），因为描述得很详细，错误定位得很清楚，该项目维护者在当天就回应并解决了该错误，提交了新版本代码。

1.5　iOS 程序调试、打包与发布到 App Store

1.5.1　苹果开发人员计划

作为开发者，我们首先得有一个 Apple ID（开发者账号），然后去 https://developer.Apple.com 申请开发人员身份。

iOS 的开发，仅在模拟器上运行，是免费的，从 2014 年后，在真机上运行，也免费了，但如果需要发布到 App Store 上进行销售，需要申请开发人员计划，这个就不是免费的了。

从 2015 年 6 月的 WWDC 大会之后，苹果的开发人员计划进行了合并，只区分个人开发者和企业开发者，其中个人开发者一年需向苹果公司缴纳 99 美元或人民币 688 元的费用，企业开发者则需要缴纳 299 美元。企业开发者可以开发私有 App，但不能通过 App Store 分发，只能通过网站的方式在企业内部分发。个人开发者则只能通过 App Store 进行发布。

只要获取了开发者资格，就可以面向苹果所有平台（Mac、iOS、Apple Watch、Safari）进行开发和销售。

在 App Store 上架销售的 App，默认是面向全世界销售，也可以自己控制在哪些国家销售。销售所获得的收入，苹果将获得三成，开发者获得七成。

1.5.2　在模拟器中运行程序

Xcode 安装好后，就默认安装了 iOS 模拟器，可以方便地运行自己开发的 App。值得一提的是，与一般人对模拟器的印象不同，iOS 模拟器的运行速度非常快，有时候甚至比真机还快，一点都不卡，启动速度也很快，使用起来令人感觉愉快，如图 1-4 所示。

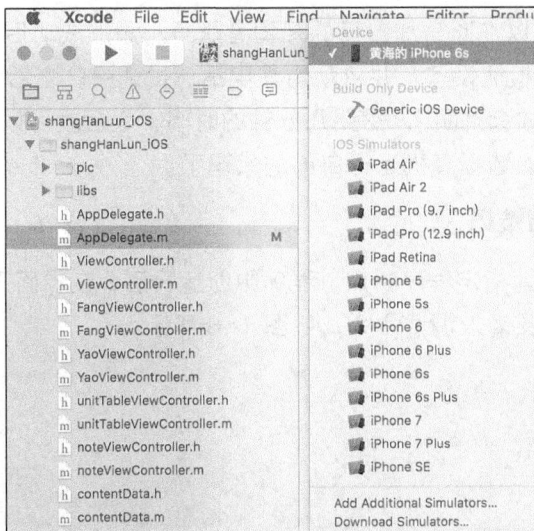

图 1-4　iOS 模拟器选择菜单

选择好运行的设备，按下快捷键 command+R 即可运行。

1.5.3 在真机中运行程序

目前要在真机中运行调试 App，必须拥有开发者证书。有些功能的开发用真机方便些，比如定位、照相、方向感知等用到硬件功能的地方。

有了开发者账号后，可以在 Xcode 之中按下 command+，（逗号），打开设置，如图 1-5 所示。

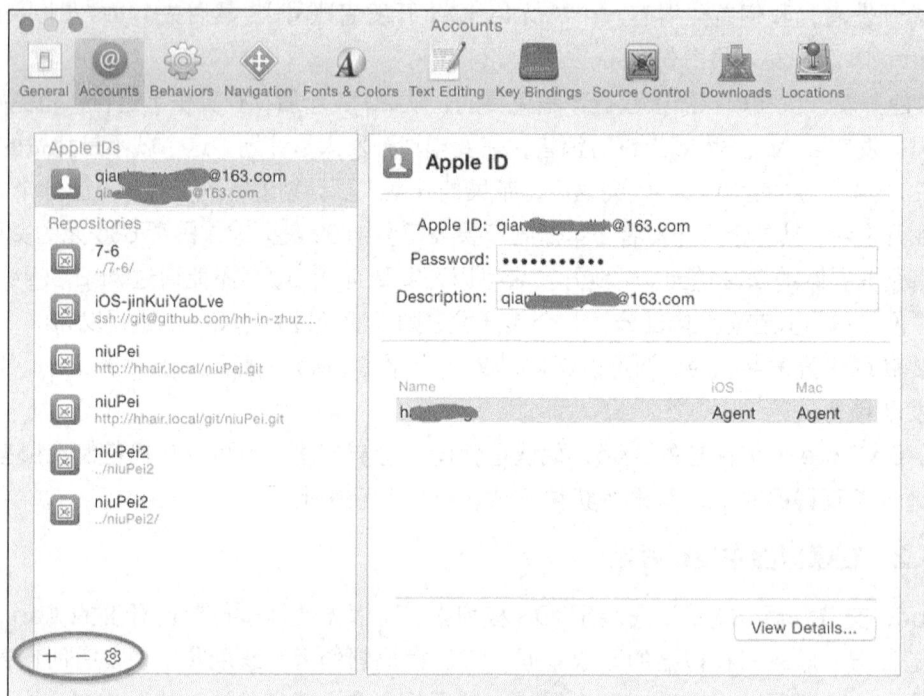

图 1-5　Xcode 设置

如图 1-5 所示，可以在此添加自己的开发者账号。添加成功后，将 iPhone 连接到计算机，Xcode 将会自动检测设备，并自动为其申请调试证书，之后会从 iPhone 中拷贝调试符号（第一次调试时才会拷贝），需要几分钟的时间，之后就可以在图 1-4 中看到自己的真机设备，此时就可以选择真机运行自己的代码了。

1.5.4 调试命令与技巧

Xcode 中可以方便地指定程序断点。程序中断运行后，在界面下面的调试小窗口中可以方便地查看变量值以及输入调试命令，如图 1-6 所示。

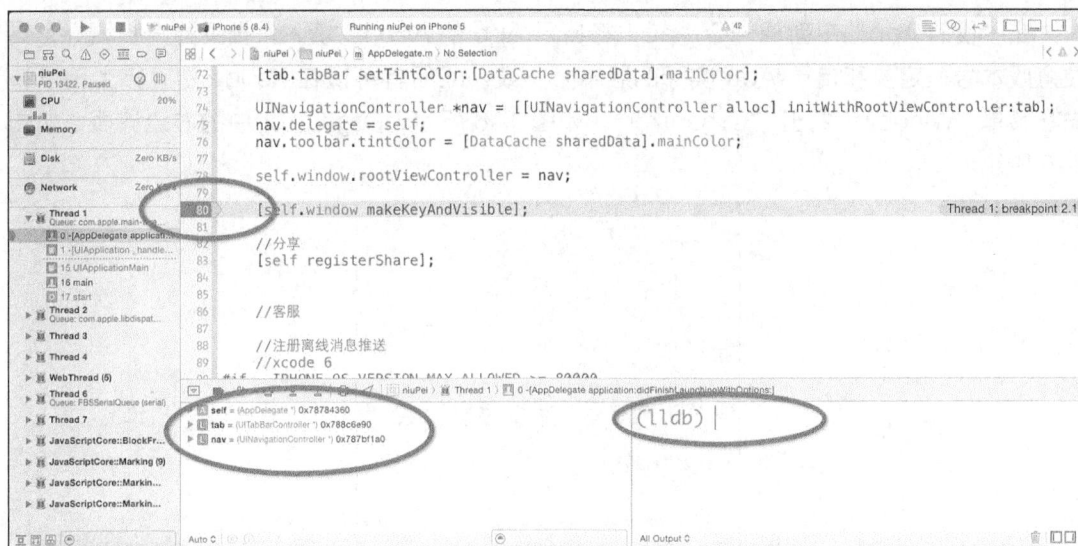

图 1-6　Xcode 调试

在代码左侧空白处单击鼠标即可插入断点；左下角可以查看在断点处的环境变量值；右下角的（lldb）处可以输入调试命令。lldb 是 Xcode 的调试器程序。常用的 lldb 命令有 p（打印基础类型变量值）、po（打印 NSObject 或其子类型的值）等。

1.5.5　将程序打包发布至 App Store

App 在编写完毕后，便可以发布到 App Store 上。先要登录网址 http://itunesconnect.apple.com，登录后如图 1-7 所示。

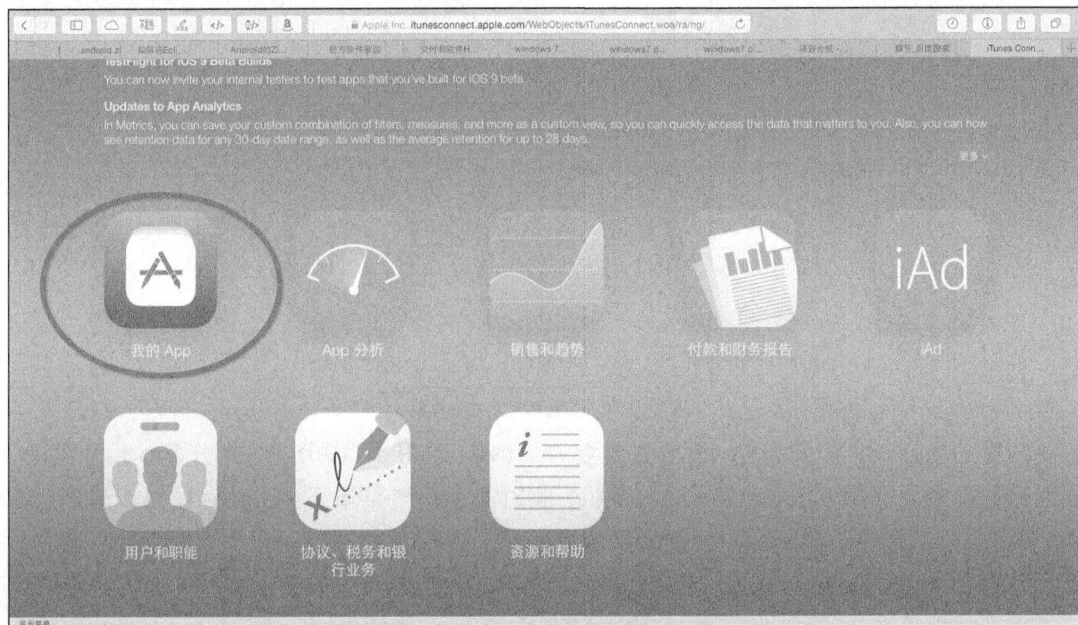

图 1-7　itunesconnect 界面

　　在"我的 App"中新建一个 App，将自己 App 的 App ID 填入，相关的内容填好，要注意版本号一定要和自己 App 实际的版本号一致。之后就可以在 Xcode 中直接上传了，先从菜单"Window"打开"Organizer"，如图 1-8 所示，Organizer 中的右边界面，如图 1-9 所示。

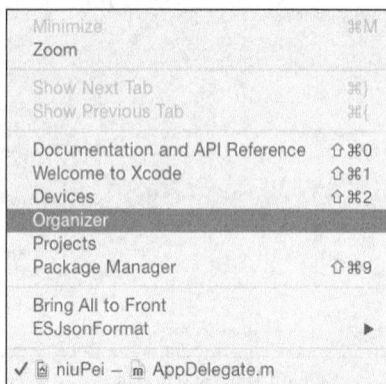

图 1-8　Xcode 的 Window 菜单展开

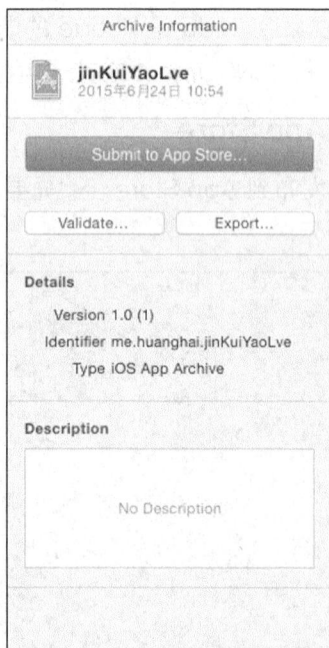

图 1-9　Organizer 中的右边界面

　　如果 Organizer 内容为空，需要先建立 Archive，如图 1-10 所示，打开 Product 菜单，同时运行设备要选择 iOS Device 或者真机，此时 Product 菜单下 Archive 项可以单击，将生成 Archive，在 Organizer 中就能看到该项目了。在图 1-9 中，可以先 Validate（验证），然后单击 Submit to App Store 按钮（即上传至 App Store），等待一段时间，就上传成功了，当然前提是在 itunesconnect 里建立好了这个 App 的信息。

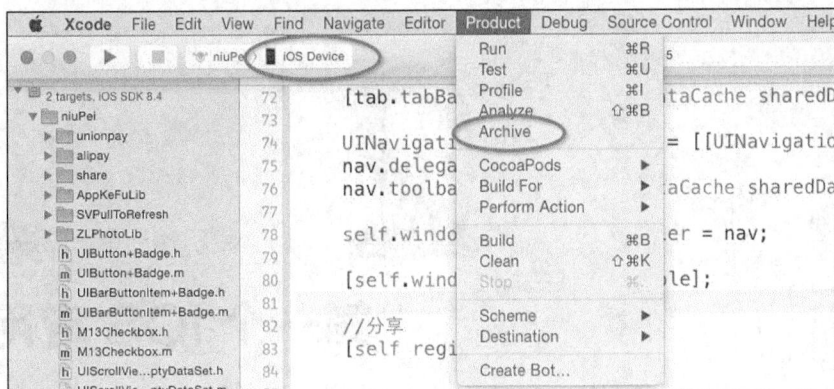

图 1-10　建立 Archive

上传完毕后，要继续在 itunesconnect 中完善 App 的信息，包括应用的截图甚至视频、定价、联系方式等。

所有一切都准备就绪后，就可以提交审核了，审核平均需要一周的时间，而且很有可能会因为某些设计不符合苹果的规范而被拒，不过，这个过程是透明的，只要遵照了苹果的规范，一般都会通过，即使被拒绝了，也可以申诉，或者重新修改后提交，只要符合规范，都能通过。

1.6　小结与作业

iOS 的开发必须使用 Mac OS 以及 Xcode。Mac OS 的底层对接了 UNIX 系统，而深受开发者的喜爱。Xcode 是苹果提供的集成开发环境，功能强大。开发 iOS 使用 Objective C 语言或 Swift 语言，目前来看 Swift 语言还不足以替代 Objective C 语言。要重视使用 Xcode 的帮助文档，开发中碰到问题要知道解决的几种方式，在网上提问时要注意方式方法。将 iOS 程序打包到 App store 上架，必须要加入苹果的开发人员计划。

作业：

1. Xcode 常用快捷键有哪些？请尝试使用，这些可以提高开发效率。

2. Objective C 语言你都掌握了吗？如果没有，请先温习 Objective C 语言。

3. Xcode 的帮助文档都是怎么使用的？遇到问题解决不了时，应该怎么办？

4. 怎么才能把 App 打包到 App Store 上发布？在本课程结束时，尝试将自己所做的 App 提交到 App Store 上发布。

Development of iOS App

第 2 章
第一个 iOS 应用——
"hello,world"

2.1 新建项目

2.1.1 新建 Single View 项目

打开 Xcode 8，选择"新建 Xcode 项目"，如图 2-1 所示。

图 2-1 新建 Xcode 项目

如图 2-2 所示，选择"Singe View Application"，同时注意左上角对应的选项卡是 iOS。然后单击下一步按钮"Next"，定义项目名字与组织标识，如图 2-3 所示。

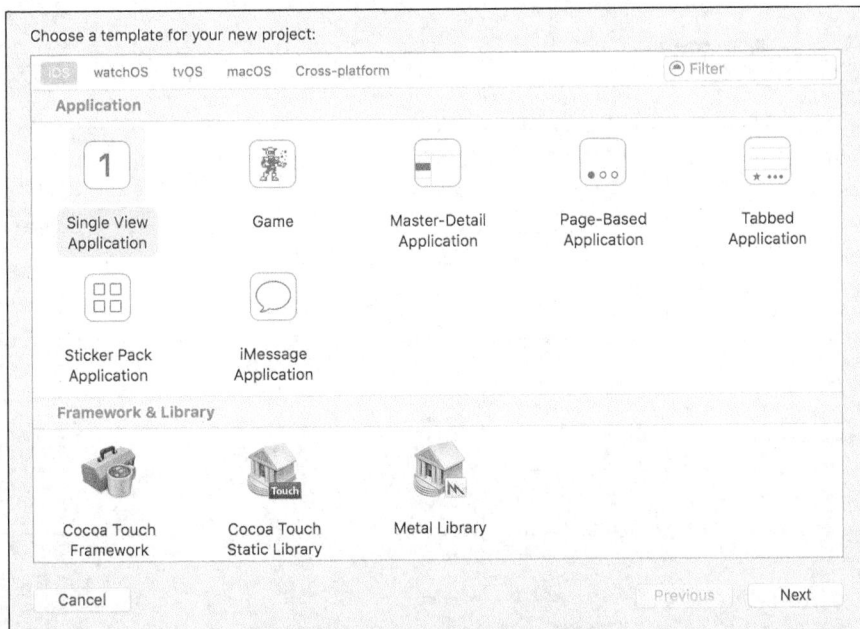

图 2-2 选择"Single View Application"

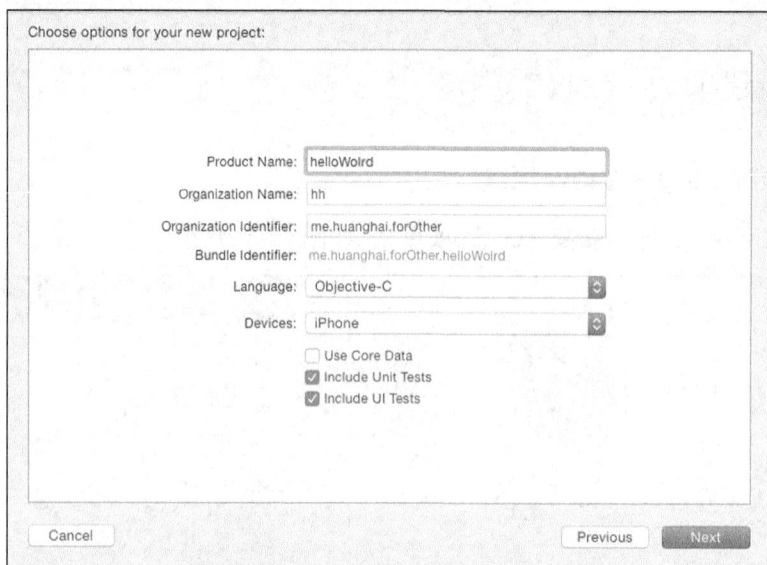

图 2-3　项目名字与组织标识（Organization Identifier）

　　项目名自己随意定义，最好用英文单词。Organization Identifier 是组织标识，用来与其他 App 区分，这里笔者用的是自己域名的倒写。在 iOS 系统中，就是靠这个标识来区分各个 App，因此每个 App 的标识不仅要唯一，还要防止可能与别人的 App 发生冲突。

　　其他的设置遵循默认就可以了，然后单击下一步按钮"Next"，接下来的窗口是要选择项目存放在哪个文件夹，选择默认即可，便进入初始开发状态了，如图 2-4 所示。

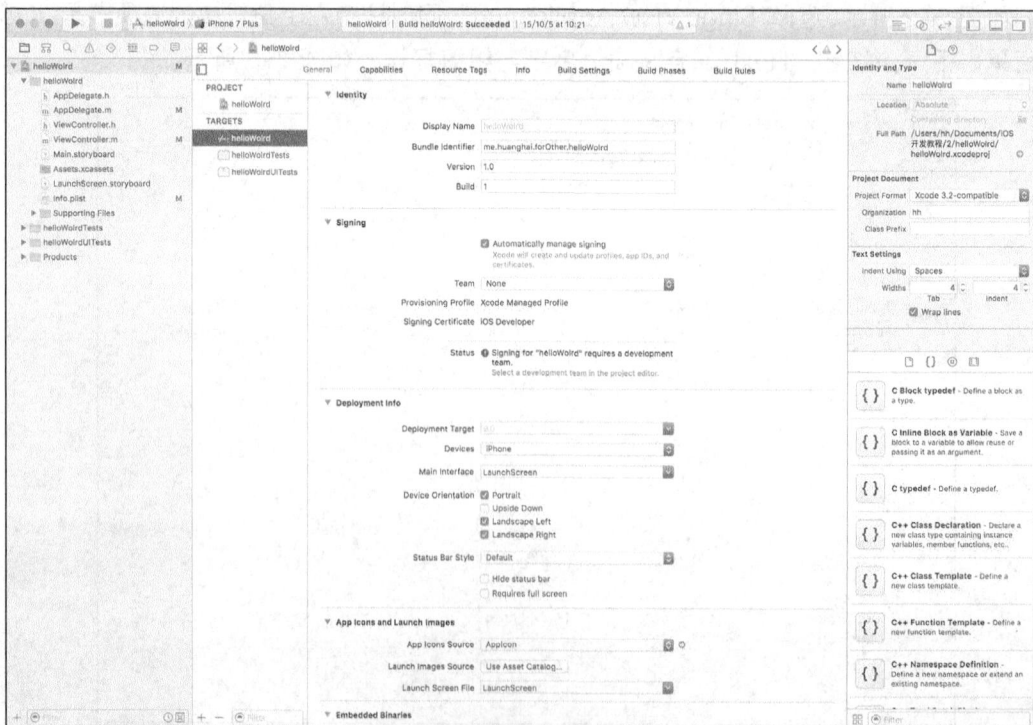

图 2-4　进入开发界面

如图 2-4 所示，中间的部分是项目的一部分设置，可以进行更改。

（1）Version 是项目的版本号，这个自己定义即可，如果提交到 App Store，版本号必须至少为 1.0。

（2）Build 必须是整数，自己定义，这个在 App 展开测试发布时，如果每次发布的测试版版本号都相同，那就必须通过 Build 来区分各次提交的 App（每次提交的 App 都不能自己删除，所以如果版本号相同的话，就只有通过这个方法来区分），笔者的方法是每次打包新的测试版时都将 Build 加 1。

（3）Signing 是应用证书签名方面的内容，是必需的（苹果用来给应用打上开发者的数字签名，证明这个应用是某开发者做的，可以防止不明来源，以及检测开发权限等方面的内容），自 Xcode 8 开始，新增了这个 Automatically manage signing 的选项，默认是不打勾的，建议这里打勾，让 Xcode 8 接管证书管理。否则必须自己选择证书。这里的 Team 下拉框是开发者证书列表，在 Xcode 设置中登记过自己的开发者账号后，在这里会出现自己的开发者证书选项。如果没有的话，默认是 none，可以进行模拟器和真机测试，但不能发布出来。证书问题是最令初学者头痛的问题，证书是密码学的内容，但限于篇幅和主题原因在本书未过多阐述，但如果缺乏这方面知识，会理解困难，有关操作时遇到问题会难以解决。关于密码学，推荐日本的结城浩著，周自恒译的《图解密码技术》，这本书通俗易懂，通读便可掌握密码学大概，证书的理解问题也可解决了。Xcode 使用的开发者证书，可以登录苹果开发者网站 https://developer.Apple.com 中自己的开发者账号后管理，也可下载。Xcode 一般会自动完成这个过程，但有时候不能正常工作，这时候必须要知道，证书存储在"钥匙串"（Mac OS 自带的一个软件，在 LaunchPad 中可以找到）中，如果 Xcode 提示证书问题，可以到钥匙串中寻找相关的证书，删除掉再重新导入或者让 Xcode 再尝试，一般都可以解决问题。

（4）Deployment Target 是最低支持到的 iOS 版本。各代 iOS 的 SDK 都有区别，因此要看开发者愿意兼容到哪个版本。这里建议最低选 iOS 9.0（支持当前最高 2 个版本）。

（5）Devices 是指支持何种设备，可以只支持 iPhone，也可以只支持 iPad，也可以两者都支持。

（6）Main Interface 指定主页是用哪个 storyboard，这里将默认的 Main 改为 LaunchScreen（先学会用代码构建界面，以后再学可视化方法）。

（7）Device Orientation 设备旋转特性，该属性可以指定设备是否可以左转界面、右转界面或者倒转。一般可以只选择 Portrait，即正面，不能旋转。

（8）其他的选项待以后章节再进行讲解。

2.1.2　项目结构

如图 2-4 左侧的文件列表，可以看到自动生成的代码。

项目根目录下有 4 个文件夹，开发时一般只用到第一个与项目同名的文件夹。其他 3 个文件夹中 1 个是放最终产品 App，另两个是用来编写测试代码。

与项目同名的文件夹是存放开发相关文件的地方，这里已经生成了两个类，分别是 AppDelegate 和 ViewController，前者是应用程序代理类，用来处理应用程序生命周期的各个事件响应，后者是主界面的视图控制器。

Main.storyboard 和 LaunchScreen.storyboard 分别是主界面和启动画面的可视化界面，打开即可用拖曳控件的方式方便地制作界面。

Asset.xcasset 是用来存放图片的地方，可以把 App 的图标和启动画面根据一定的规格集中在这里指定和存放。

info.plist 是一个"键值对"文件，指定该 App 的很多属性。

Supporting files 文件夹存放有 main 函数，还可存放其他一些文件。

2.2　AppDelegate.m 添加代码

2.2.1　创建 UIWindow 对象

首先必须确认在项目属性页面，把 Main Interface 指定为 LaunchScreen.storyboad（参见前面内容）。

找到 Xcode 界面左侧文件列表的 AppDelegate.m 文件，找到第一个方法，并在其中加入以下代码。

```
-  (BOOL)Application:(UIApplication  *)Application  didFinishLaunchingWith
Options:(NSDictionary *)launchOptions {
    // Override point for customization after Application launch.
    self.window = [[UIWindow alloc] initWithFrame:[[UIScreen mainScreen]
bounds]];

    ViewController *con = [[ViewController alloc] init];
    self.window.rootViewController = con;
    [self.window makeKeyAndVisible];

    return YES;
}
```

当然，还需要引入 ViewController.h 头文件。

在这里创建了一个 UIWindow 对象，将其大小设置为与屏幕相同，并将 ViewController 设置为该 Window 对象的 rootViewController，即根视图控制器，接着调用 makeKey AndVisible 将该 Window 对象设置为 Key Window 并显示出来。所谓的 Key Window，是可以接受键盘输入的窗口，有且只能有一个 UIWindow 能成为 Key Window。

2.2.2　创建 ViewController 对象

新建项目时已经创建好了 ViewController 类，此时只需要往其中添加代码即可。

2.2.3　例行代码

我们可以看到，ViewController.m 文件中已经有了 viewDidLoad:等几个方法。
viewDidLoad：方法是视图加载完毕后自动调用（由 iOS 来调用，不需要自己来调用）的
方法，构筑界面一般都写在此方法中。类似的还有 viewWillAppear:方法和 viewDidAppear：
方法，这些都是视图生命周期的回调方法，本书后面的章节将详细介绍。

2.3　ViewController.m 添加代码

ViewController 成为窗口的根视图控制器后，就由它来管理显示了。转到 View
Controller.m 文件，在 viewDidLoad：方法中，添加以下代码。

```
- (void)viewDidLoad {
    [super viewDidLoad];
    // Do any additional setup after loading the view, typically from a nib.
    self.view.backgroundColor = [UIColor redColor];

    UILabel *label = [UILabel new];
    label.text = @"hello,world!";
    label.textColor = [UIColor greenColor];
    [label sizeToFit];
    label.center = self.view.center;

    [self.view addSubview:label];
}
```

视图控制器 ViewController 继承于 UIViewController，通过 self.view 来管理其中的视
图。先设置 self.view 的背景色为红色。

2.3.1　创建 UILabel 对象

如上代码所示，创建一个标签：UILabel，方法为：UILabel *label = [UILabel new]; 或
者 UILabel *label = [[UILabel alloc] init]; 两者都可以, init 开头的初始化方法还有很多种。

2.3.2　设定 UILabel 对象的位置

如上代码所示，这里将 label 显示在屏幕正中，用 label.center = self.view.center;即
可。有些时候指定其 frame 更方便些，所谓 frame，即该视图的左上角的 x, y 坐标以及长

和高，可以精确指定其位置和大小，后面的章节会详细介绍。

2.3.3　显示 UILabel 对象

如上代码所示，建立好 label 后，还需要将其添加到 self.view 中来，调用 UIView 对象的 addSubview 方法即可。

2.4　运行程序

2.4.1　在模拟器上运行程序

在 Xcode 左上角可以看到模拟器下拉列表，选择一个模拟器，按下 Xcode 左上角的黑色三角形按钮就可以运行了，或者直接用快捷键 command+R，即可看到运行结果，如图 2-5 所示。

图 2-5　hello,world 运行结果

2.4.2　模拟器操作介绍

iOS 模拟器功能非常强大，性能也很好，通常开发项目时用模拟器更加方便快捷，只有在用到摄像、定位之类的功能时，用真机调试才更方便。

iOS 模拟器的 Hardware 菜单下有许多选项，可以选择一些手机上的操作，比如左右旋转、晃动、按下 Home 键，甚至可以模拟 Touch ID 和 3D Touch 操作。

按下 command+S 即可将模拟器的显示截图为 png 图片并保存在桌面上。

在 Debug 菜单下还可以模拟定位。

按下 option 键后用鼠标单击界面，即可模拟捏拉缩放操作。

2.5　小结与作业

iOS 应用程序，分为多个页面，每个页面为一个 UIViewController 的子类。所有的页面基本共享同一个窗口（UIWindow 对象），本章演示了如何建立一个最简单的 iOS 应用程序。

作业：

尝试不看本章代码，自己动手做一个 iOS 应用。

Development of iOS App

Chapter

3

第 3 章
Cocoa Touch 框架的
运行机制与开发流程

3.1　理解 UI 程序运行的机制

3.1.1　程序不是顺序运行

UI 程序的运行与之前学的 C 语言运行的机制有很大的不同，UI 程序不是顺序运行的，而是绘制好界面，然后等待用户的输入（包括触摸，按下按钮，有消息推送或者来电），对输入进行响应。开发要做的事情，基本就是编写响应方法。而整个程序的框架，即 Cocoa Touch 已经将外围的一切都处理好。

这里有个概念叫异步执行。与之相对的是同步执行。同步执行就是一步步按部就班的执行，当前任务为未完成，则当前线程陷入阻塞状态，直到任务完成才运行下一个任务。而异步执行则灵活得多，指定一个任务运行后，不管任务有没有完成，马上就返回执行下一个任务。之前的任务完成后，框架会自动调用写好的回调函数来处理善后。

3.1.2　用户操作，硬件中断与消息处理

用户操作时，硬件会产生一个中断，此时操作系统将陷入中断处理状态，此时会调用应用程序注册好的回调响应方法来响应该中断。App 通过向操作系统注册回调方法，就能轻松实现某输入事件发生后自己定义的回调方法按预期被调用。整个 UI 程序开发，就是在这样一种机制下编写事件响应方法而已，也就是所谓的消息处理。

3.2　iOS 的消息处理机制

iOS 主要通过视图控制器来接收消息处理。视图控制器 UIViewController 管理着视图的生命周期，事件如下：

（1）视图加载完毕；

（2）视图将显示；

（3）视图已显示；

（4）视图将消失；

（5）视图已消失。

每一个事件都对应一个事件响应方法（框架已提供好），开发要做的事就是覆盖默认的响应方法。

视图本身也可以响应事件处理，但是为了代码结构清晰容易维护，一般不这样做。

3.2.1　协议与代理

协议与代理是 Objective C 语言的概念，与其他的语言的名词差别很大。协议可以看作 Java 等语言中的接口，或者抽象类，即只有方法定义，却不实现方法。

代理是实现了协议的对象，可以看作 Java 等语言中实现了某接口或抽象类的对象。

3.2.2　target 与 selector

事件发生后，到底由哪一个对象来处理事件？target 即用来指定事件由哪个对象来处理（target 本意是靶子，意思是发生事件的对象，会将事件和自己像子弹一样发送给这个"靶子"，由这个靶子来决定怎么处理）。问题是对象有很多方法，具体由哪个方法来处理呢？selector 即指定某方法来具体执行响应事件。

一般的，UIControl 的子类都有对象方法 addTarget: action: forControlEvent:来方便地为某事件指定由某对象的某方法来处理。

3.2.3　消息中心 NSNotification

有一些事件，不是由硬件中断产生。比如键盘收起事件，输入框文字改变事件等，这些事件一般通过 Cocoa 的通知中心机制来广播。

可以通过 NSNotification 类获得默认的通知中心，从中注册感兴趣的消息以及指定响应的对象及方法。当某对象不再需要响应某消息时，必须要从通知中心注销，注销后通知中心将不会再发送给该对象该消息。

具体介绍，请参见 10.3 节。

3.3　iOS 程序开发流程简介

Cocoa Touch 框架已经搭建好外围脚手架，开发者所要做的不过是编写界面以及编写事件响应方法而已。事实上，所有的 UI 开发平台（包括 Windows，Android）都是这样的套路。

3.3.1　创建窗口和控件

苹果提供了 UIViewController 类，该类定义了一个页面，做好了所有的基础框架工作。开发所要做的，只需编写 UIViewController 的子类来实现某个界面及其事件响应方法，在其中的 viewDidLoad 方法中创建视图、控件，以及指定响应方法。除了 UIViewController 类，还有一些特殊用途的基础控制器类（均为 UIViewController 的子类），比如 UITable ViewController，UIActivityViewController 等（也要通过编写子类来实现具体的事件响应）。

3.3.2　视图与控件事件绑定

视图的基础类为 UIView。该类没有事件绑定，但是可以定义手势对象加在其上，令其能够响应手势操作。一般的手势有捏拉缩放、轻拍、连拍、滑动、轻扫等。

控件是能够操作的视图类，比如开关控件、按钮控件等，其基类为 UIControl（该类也是 UIView 的子类），该类将低级的触摸事件自动识别为若干高级事件（比如按下、松开、拖动等），省去了自己判断是何种事件的处理，同时提供了一个方法 addTarget:action: forControlEvents:，可方便地为某个事件添加相应的响应方法。

3.3.3　编写事件响应方法

事件响应方法一般性的都带有一个参数，即发生事件的视图或控件本身，如下代码所示。

```
- (void)onClick:(id)sender
{
    // ...
}
```

这里 onClick:方法的参数 sender 为 id 类型，假如这个方法只服务于某个按钮，则该方法可以改为以下方式。

```
- (void)onClick:(UIButton *)btn
{
    // ...
}
```

可以方便地引用到发生事件的视图或控件本身，因此响应方法编写起来非常方便。

3.4　MVC 方法

3.4.1　MVC 概述

MVC 是一个历史悠久的项目开发架构，MVC 三个字母分别代表着模型、视图和控制器。控制器控制视图的显示，将模型中的数据显示到视图之上。通过这种架构，项目之间的关系比较明晰，容易维护，也容易扩展，非常流行。Cocoa 即为这种架构。

3.4.2　模型

模型即数据模型，通常可以是各种数据实体类。通过设计合适的数据结构，方便业务逻辑的表达。模型类只专注于如何组织数据。如果应用带有数据管理，使用了 CoreData 的话，CoreData 能自动生成模型类（实体类），具体可参见第 12 章 12.3 节，如果是通过 json 与服务器通信的话，需要自己根据 json 数据制作实体类。

3.4.3　视图

视图即如何显示。对于显示何种内容由控制器来控制，本身只关注如何布局，以及各种显示效果。所有的视图类都继承于 UIView。控件类都继承于 UIControl，UIControl 也是 UIView 的子类。

3.4.4　控制器

控制器是 MVC 中最重要的一环，负责控制模型以及视图的显示。业务逻辑都体现在控制器中。所有控制器都是 UIViewController 的子类。

3.4.5　再论 MVC 的意义

MVC 对现代软件开发有着深远的影响。清晰的软件架构设计，有利于开发，也有利于维护。有时候需求不明晰，或者客户其实也不知道自己到底要什么样的东西，或者需求变更的情况下，通常对项目的影响非常大，甚至有很大一部分的代码需要推倒重写。而在架构设计得好的情况下，受影响的代码将能降到最低。MVC 无疑是设计上的佼佼者。

3.5　小结与作业

UI 程序的运行，并不是一条线走到底的，而是有着多条线，各种回调函数。这也是最难理解的地方。App 通过与 iOS 的配合，部分函数是自己调用，部分函数由 iOS 来调用（这就是回调函数），用户操作的各种事件，只有 iOS 知道，所以需要让 iOS 来调用自己定义的各个响应函数。iOS 大量运用了协议与代理模式，通过定义协议，来方便地传递数据，分离各种强耦合的代码。iOS 程序开发的流程基本上是在做"填空题"，在框架之中编写各种事件响应方法。

MVC 模式是现在最为流行的一种设计模式，将视图、控制器、模型（也即数据）分离开来，极大地便利了程序的结构，使得数据的流动和控制很清晰，也利于团队分工合作。

作业：

1. 尝试向同学讲解什么是回调函数。

2. 向同学讲解什么是协议。

3. 向同学讲解消息中心机制，并阐述如果没有消息机制，程序应怎么编写，会有什么不利。

4. MVC 的三个字母各自代表什么？它们之间的关系是怎样的？

Development of iOS App

Chapter

4

第 4 章
iOS 开发命名习惯与约定

4.1　良好的编程习惯

iOS 的类库有着严格的开发命名约定。好的命名对于开发和维护有着非常大的影响。不恰当的命名不仅容易引起困惑，也容易引发错误。好的命名习惯，既是优秀程序员的要求，更是程序员应该养成的习惯。

4.1.1　命名方式与一致性

一般常用的命名方式，是用英语单词的叠加。苹果采用的是驼峰表示法，变量或方法命名的第一个字母小写，而后每一个单词的首字母大写，比如 textLabel, detailLabel。类和枚举的命名，要加上大写前缀，而后的每个单词都首字母大写，比如：UIView, UIScrollView, UITableView, UITableViewStyleGrouped。之所以要大写前缀，是因为 Objective C 语言没有提供命名空间，因此大型项目容易发生命名冲突的情况，所以前缀冠以某大写字母，弥补了这个不足。一旦确定好命名方式，就要保持一致性。

很多大型软件公司，尤其世界性的，比如谷歌、微软等，对于代码风格是非常重视的，如果程序员不严格遵守代码风格，是进不了这样的公司的。

遇到代码风格差或者不把代码风格当回事的程序员留下的代码，会令人痛苦不堪，不仅难以阅读，意图也难以明白。因此为了方便他人，同时也为了方便自己，重视代码风格，是一个合格程序员的最基础的素养。

4.1.2　换行与缩进

一般而言，一行代码不宜过长。如果太长不利于阅读和排错，则要考虑换行表示。缩进的话有很多不同的规范，有用 Tab 键缩进的，有用若干空格缩进的，为了普适性，一般可以将 Tab 键缩进设置为自动转换为 4 个空格。

缩进几个空格也有不同的规范。有的规定是 2 个空格，有的是 4 个，也有 8 个的。建议 8 个空格缩进的比较极端，但是好处也是显而易见的，如果 if else 语句嵌套层次过多的话，8 空格缩进就容易让人意识到问题（if else 嵌套层次过多容易出错）。一般而言 4 空格缩进用得最多。应该根据所在公司与项目的要求来确定几个空格缩进，并严格遵循。

4.1.3　编程风格有什么用

编程风格好的代码，因其规律性，使得很容易阅读代码，同时在排错时很容易定位到错误地方。

编程风格不好或者没有风格的代码，看起来很容易使人崩溃。项目越大，代码数越多，编程风格对开发和维护人员的影响越大。因此大型公司很看中编程风格，甚至安排有专员对新员工进行代码复审。

4.2　iOS 的命名习惯

4.2.1　骆驼表示法

如前所述，iOS 的命名习惯是骆驼表示法，也叫驼峰表示法。就像骆驼的驼峰一样，隔一段距离有一个驼峰，在命名上就是名字中每个单词的首字母大写。比如 UITableView。

iOS 的各个头文件中，有大量的代码可以参考，以及 github 上有大量的 iOS 开源项目的代码可供参考，基本都严格遵循了骆驼表示法，是学习的好范本。

必须要指出的是，C++ 代码有的是不用骆驼表示法的，其标准库风格一般是通过下划线连接各个单词，有的项目会掺杂一些 C++ 甚至 C 语言的代码，要注意这个代码风格的差别。

4.2.2　C++ 式的下划线表示法

iOS 的开发，经常要用到 C 语言或 C++ 语言的函数，它们的命名风格，与骆驼表示法有很大的不同，比如多线程的 GCD 系列方法有：dispatch_asyc()，dispatch_get_main_queue() 等，将各个单词以下划线连接起来，不用大写字母。这也是一派鲜明的表示风格，需要注意。

4.2.3　使用汉字命名

Xcode 支持使用汉字为变量名或者函数名等。但是支持有限，使用汉字命名时，Xcode 的智能感知不会提示，也不会补全，但是不会报错，也能够正常运行。因为没有智能感知的帮助，会令人感到开发效率低下，如何选择，见仁见智。

4.3　小结与作业

编程的风格非常重要。关于编程风格，网上有很多的资料可以查阅。历史上曾为左大括号{是独占一行还是放在上一行行末而争论过，因此而分成两种截然不同的编程风格，这个是值得注意的。编程风格没有对错，重在一致。一致的编程风格令人赏心悦目，容易理解。大型正规软件公司都非常重视编程风格。

命名方式经常困扰程序员，各种命名方式都有，常用的有骆驼表示法、下划线表示法，也可以使用汉字命名。

作业：

1. 到 https://www.github.com 上寻找几个 C 语言或者 C++ 语言或者 iOS 的项目，看看代码的编程风格，以及风格是否一致。尝试说出其风格特点。

2. 尝试使用汉字命名。

Development of iOS App

Chapter

5

第 5 章
iOS 用户界面元素之
UIView 与控件

5.1　UIView 概述

UIView 是所有视图类的根类。

视图的大小，用点来表示。iPhone 4 及以下机型，屏幕宽 320 点；iPhone 4S 及以上的机型，高 480 点；iPhone 5 与 iPhone 5S 则高 568 点；iPhone 6 与 iPhone 6P 的宽度和高度则更大一些。

点的概念与像素不同。最初的 iPhone 不是视网膜屏幕，1 个像素表示的大小与之后的视网膜屏幕表示的大小差别很大，所以引入了点的概念：在非视网膜屏幕下，1 点就是 1 个像素，而在视网膜屏幕下，1 点可以代表 4 个像素。通过点的概念，可以比较精确地控制视图的大小。

苹果的设计规范，一般工具栏或导航栏等的高度为 44 点。44 点也是人手触摸按钮时感到合适的最小高度。视图之间的间隔，如果不指定的话，一般默认值为 8 点。

5.1.1　UIView 家族

如图 5-1 所示，UIView 是所有视图类的根类，由其衍生出来众多的子类以及控件类。值得注意的是，UIView 的父类是 UIResponder，凡是继承于 UIResponder 类的对象，都能收到用户触摸的事件以及消息。

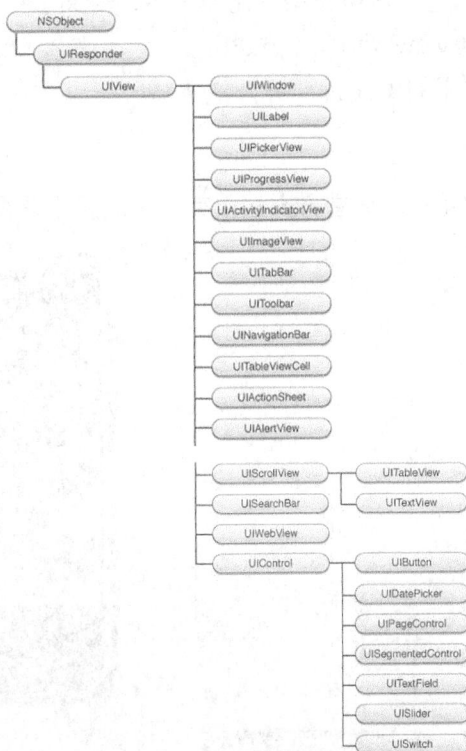

图 5-1　UIView 家族继承体系

图 5-1 集中了所有常用的视图类，本书所有的内容都将围绕该图中的类而展开。

5.1.2 UIView 基本属性

基本属性如下。

（1）frame 和 bounds：用来规定视图大小和位置，详见下一节；

（2）center：定义视图中心点在父视图的坐标，CGPoint 类型；

（3）transform：定义视图的变幻，见 5.1.4 节；

（4）subviews：子视图集合，NSArray 类型；

（5）superview：父视图；

（6）window：视图所属的窗口，UIWindow 类型；

（7）alpha：视图透明度，0 到 1；

（8）backgroundColor：视图背景色，UIColor 类型；

（9）clipsToBounds：子视图超过视图边界的部分，是否剪切掉，BOOL 类型；

（10）hidden：是否隐藏视图，BOOL 类型；

（11）tintColor：这是个神奇的属性，会影响默认的一些颜色，子类运用得多，比如工具栏的颜色，UISwitch 开关控件的颜色等；

（12）layer：视图真正的显示层，CALayer 类型，常用来定义视图的边框和圆角，后续会用到；

（13）tag：视图的额外编号，整数类型，用得不多，定义了 tag，便可使用这个 tag 从其父视图搜索到这个视图（viewWithTag:方法）。

以上属性是 UIView 最常用的属性。

5.1.3 视图层次体系

视图是通过分层显示出来的，苹果官方文档中有一张图显示得很形象，如图 5-2 所示。

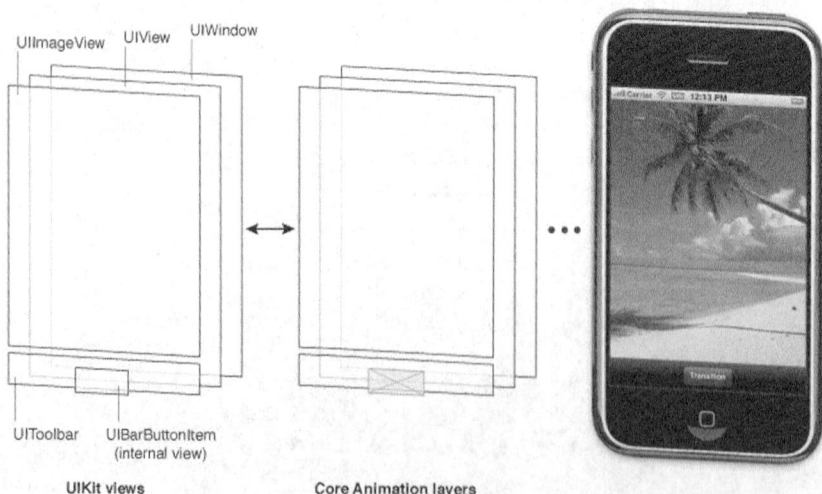

图 5-2 视图分层显示示意图

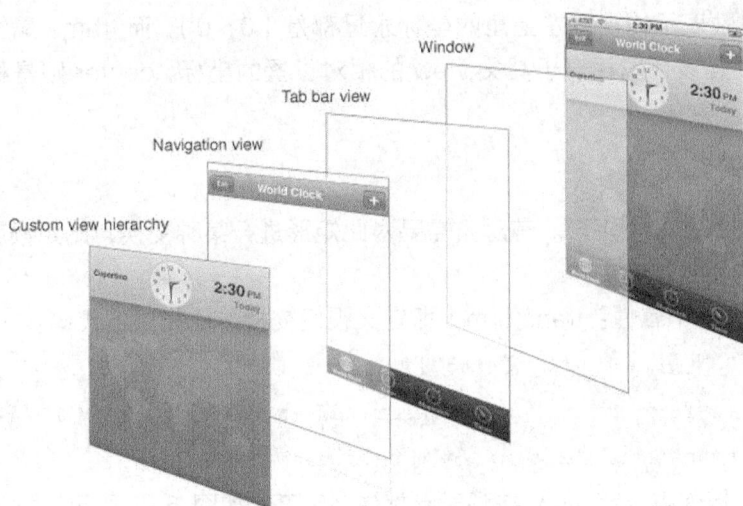

图 5-2　视图分层显示示意图（续）

　　每个 App 都至少有一个 UIWindow 对象（一般也只有一个），可以认为该对象代表了整个屏幕。所有的绘制、显示以及事件响应都在这个对象之上展开。

　　UIWindow 上叠加了许多层 UIView 或其子类对象，一层一层地绘制，最后显示给用户。最上层的 view 会遮盖下层的 view，可以动态地把某个 view 调整到最上层，也可以将最上层的某个 view 转移到下层，从而改变显示。

　　每个 view 在其父 view 中的位置以及大小，主要由 3 个相关的属性来定义或改变，分别为 frame、bounds，以及 center，其中 center 表示 view 的中心点的坐标（相对其父 view）。

　　frame 与 bounds 都是 CGRect 类型的结构体，包含 2 个结构体，分别是 CGPoint 和 CGSize 类型。CGPoint 结构体描述左上角坐标，CGSize 描述宽与高。可用 CGRectMake(...) 方法来构造一个 CGRect 结构体。

　　frame 与 bounds 的差别如图 5-3 所示。

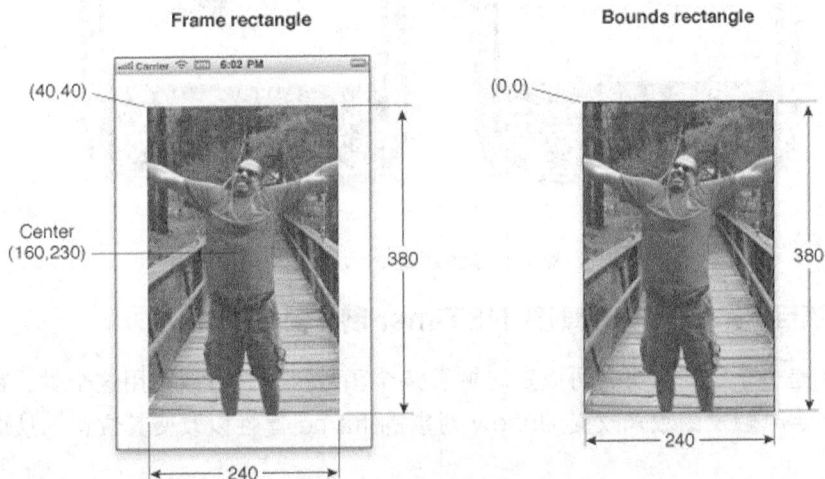

图 5-3　视图的 frame 与 bounds

bounds 属性表示的视图左上角的坐标永远都是（0，0）。而 frame 属性表示的视图左上角坐标，则是该视图相对于其父 view 的相对位置的坐标。center 则是标识视图的中心点。

5.1.4 视图变换

一般的视图都是一个矩形。有时候需要对此矩形进行某种变换，比如倾斜、旋转、移动等，这就需要用到视图变换。

UIView 类有一个属性：transform，即定义视图变换。比如以下代码：

```
// M_PI/4.0 即圆周率的1/4，表示 45 度角.
CGAffineTransform xform = CGAffineTransformMakeRotation(M_PI/4.0);
self.view.transform = xform; // 对 self.view 旋转 45 度
```

以上代码可以使得 self.view 按顺时针旋转 45 度，如图 5-4 所示。类似的还有其他 CGAffineTransform 开头的函数用以生成各种变换。

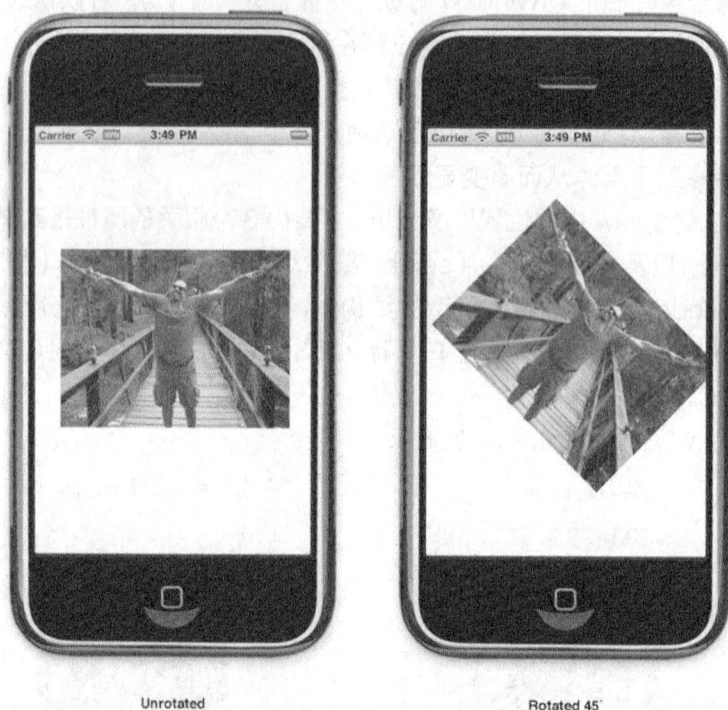

Unrotated   Rotated 45°

图 5-4　视图变换之旋转变换

5.1.5 项目制作——使用计时器 NSTimer 制作简单动画

NSTimer 是一个定时器类，可以定时触发某个函数执行。可以利用这个类，在某一段时间内均匀地定时触发函数来改变 UIView 对象的 frame 属性以改变其位置，从而实现动画。

按之前章节所述方法，新建一个项目（源代码见本书附带第 5 章项目代码），首先在项目设置中把使用的 storyboard 去掉。然后在 AppDelegate.m 中填充好以下代码。

```
- (BOOL)Application:(UIApplication *)Application didFinishLaunchingWith
Options: (NSDictionary *)launchOptions {
    // Override point for customization after Application launch.
    self.window = [[UIWindow alloc] initWithFrame:[[UIScreen mainScreen] bounds]];
    ViewController *con = [[ViewController alloc] init];
    self.window.rootViewController = con;
    [self.window makeKeyAndVisible];
    return YES;
}
```

该段代码用以在屏幕上显示 ViewController 对象的视图。然后在 ViewController.m 中，填充以下代码。

```
@interface ViewController ()
{
    UIView *view;
}
@end

@implementation ViewController

- (void)viewDidLoad {
    [super viewDidLoad];
    view = [[UIView alloc] initWithFrame:CGRectMake(100, 100, 25, 25)];
    view.backgroundColor = [UIColor greenColor];
    [self.view addSubview:view];

    [NSTimer scheduledTimerWithTimeInterval:1/24.0 target:self selector:@
selector(moveView:) userInfo:nil repeats:YES];
}

- (void)moveView:(NSTimer *)timer
{
    if (view.center.x > 300) {
        [timer invalidate];
    }
```

```
    CGPoint p = view.center;
    p.x += 2;
    view.center = p;
}
```

以上代码定义了一个 UIView 视图，在 viewDidLoad 方法中对其进行了初始化，定义了其 frame 和背景颜色，然后通过 NSTimer 的类方法 scheduledTimerWithTimeInterval: target:selector:userInfo:repeats:来启动一个反复执行的定时器，间隔 1/24 秒触发一次 moveView:方法（1 秒至少有 24 帧图片，人眼才会感觉比较平滑），在其中修改 view 的中心点，令其 x 坐标一次增加 2 点。当 x 坐标超过 300 时，使得定时器失效。屏幕上将显示黑背景下一个绿色的小方块缓慢地往右移动，到屏幕边缘时自动停下。

5.2 UI Control 类

UIView 有一个属性 userInteractionEnabled，默认是 NO，表示不接受用户触摸事件。要响应触摸事件，必须将此属性设置为 YES，这一切都没有 UIControl 类来得简便。UIControl 类默认可以接受触摸事件，并且对接受的触摸事件做了很详细的区分，可以很方便地定制需要响应的事件。

```
UIControl *c = [UIControl new];
    [c addTarget:self action:@selector(...) forControlEvents:UIControlEvent...];
```

如以上代码，定义了一个 UIControl 对象，便可以用 addTarget:方法为其简便地定制某事件的响应方法。其余使用方法均与 UIView 相同。

UIControl 类是所有控件类的父类。所谓控件，就是能够接受用户的触摸操作，并对其做出响应的 UI 组件。常用有按钮、开关、分段控件、进度条、等待指示符控件等。

5.3 标签视图类 UILabel

5.3.1 UILabel 概述

UILabel 类是用得最多、最频繁的一个视图类，用来在屏幕上显示一小段文字。其使用非常简单，以下代码摘自一个真实的项目。

```
_detailLabel = [UILabel new];
    _detailLabel.frame = CGRectMake(size.width - 200 - right, 0, 200, size.height);
    _detailLabel.textAlignment = NSTextAlignmentRight;
    _detailLabel.font = [UIFont fontWithName:_detailLabel.font.fontName size:15.0];
    _detailLabel.text = @"显示文字";
```

这里集中体现了几个 UILabel 常用的属性，textAlignment 用以指定对齐方式，font 指定字体，text 指定显示的文字，另外还有 textColor 指定文字的颜色，等等。

5.3.2　UILabel 内容大小计算

有时候需要让 UILabel 对象自动适配文字的大小。UILabel 提供了两个简便的方法：sizeToFit 以及 sizeThatFit:方法。sizeToFit 方法不带参数，向 UILabel 对象发送 sizeToFit 消息，即可令该对象自动调整大小以正好显示其中的文字。亦可借此方法来计算某段简短的文字（通常不超过一行）的宽度和高度。sizeThatFit:方法接受一个 CGRect 类型参数，计算出恰好显示其内容的 frame 大小，并返回这个 CGRect 结构体。

有些时候并不适合用 UILabel 来计算文本的显示区域，这时候需要用 NSString 类的 boundingRectWithSize:方法来精确计算。

5.4　按钮控件 UIButton

按钮控件是使用频率几乎最高的控件。

5.4.1　按钮分类

按钮有很多的类别，如苹果官方头文件所示。

```
typedef NS_ENUM(NSInteger, UIButtonType) {
    UIButtonTypeCustom = 0,                        // no button type
    UIButtonTypeSystem NS_ENUM_AVAILABLE_IOS(7_0),  // standard system button
    UIButtonTypeDetailDisclosure,
    UIButtonTypeInfoLight,
    UIButtonTypeInfoDark,
    UIButtonTypeContactAdd,
    UIButtonTypeRoundedRect = UIButtonTypeSystem,    // Deprecated, use
UIButtonTypeSystem instead
};
```

如上述代码所示，UIButton 的按钮类别很多，有些是可以自定义的，有些是系统预定义的样式，应根据自己的需要选用，在建立 UIButton 类的时候，指定其类别，如以下代码所示。

```
UIButton *btn = [UIButton buttonWithType:UIButtonTypeCustom];
```

5.4.2　按钮美化

可以方便地给按钮添加背景图片，自定义文字颜色、背景色、边框、圆角等，如以下代码所示。

```
[btn setTitle:@"按钮" forState:UIControlStateNormal];
[btn setBackgroundImage:[UIImage imageNamed:@"图片.png"] forState:UIControl
StateNormal];
```

这里有一个状态常数，UIControlState 开头，按钮有好几种不同的状态，可以设置不同状态下的属性。比如按钮按下与未按下是两个不同的状态，分别有状态常数对应。可以据此设置多彩的按下效果。

5.4.3　添加事件响应方法

给 UIButton 对象添加事件响应的代码非常简单，和之前介绍的 UIControl 类一模一样。如以下代码所示。

```
[btn addTarget:self action:@selector(onTouchDown:) forControlEvents:UI
Control EventTouchDown];
[btn addTarget:self action:@selector(onTouchUpInside:) forControlEvents:UI
ControlEventTouchUpInside];
[btn addTarget:self action:@selector(onTouchUpOutside:) forControlEvents:UI
ControlEventTouchUpOutside];
[btn addTarget:self action:@selector(onTouchDragExit:) forControlEvents:UI
ControlEventTouchDragExit];
```

以上代码给 UIButton 对象 btn 设置了 4 个不同事件的响应方法。读者需要自己实现这 4 个方法。这 4 个事件分别是按下(TouchDown)，在按钮内部松开手指(TouchUpInside)，在按钮外部松开手指（ TouchUpOutside ），按下不放移动手指直到手指离开按钮边界（ TouchDragExit ）。还有很多其他的事件，可以根据需要一一定制。

流行的聊天 App，发送语音时，都有一个提示，向上滑动取消发送，即通过响应 UIControlEventTouchUpOutside 事件判断用户取消了语音发送。

5.4.4　项目制作——制作简单计算器

有了 UILabel 和 UIButton，便可以制作一个简单的计算器了。新建项目（源代码见本书附带第五章项目代码）。

计算器界面总共排布 17 个按钮，可以用一个数组来表示，其响应方法共用同一个方法。区分是哪个按钮按下，则通过其父类 UIView 共同的一个属性 tag 来区分。tag 是一个整型数据，一般用以自定义其数值。UIView 有一个实例方法 viewWithTag:可通过 tag 值来查找其中特定 tag 值的子 view。

界面最顶部，则是显示算式以及计算结果的一个 UILabel 对象。涉及的变量如下代码所示。

```
@interface ViewController ()
```

```
{
    UILabel *result;
    UIButton *btn[17];
    NSArray *titles;
    CGFloat labelHeight;
    CGFloat width,height;
    CGFloat cellWidth,cellHeight;
    UIButton *curOperate;
    NSString *lastNum;
    BOOL stateNew;
}
```

这些变量均用以搭建界面，赋值代码如下所示。

```
- (void)viewDidLoad {
    [super viewDidLoad];
    // Do any additional setup after loading the view, typically from a nib.
    labelHeight = 44.0 * 3;
    width = [UIScreen mainScreen].bounds.size.width;
    height = [UIScreen mainScreen].bounds.size.height;
    cellWidth = width / 4.0;
    cellHeight = (height - labelHeight) / 5.0;
    result = [[UILabel alloc] initWithFrame:CGRectMake(0, 44.0, width, labelHeight
- 44.0)];
    result.text = @"0";
    result.font = [UIFont fontWithName:result.font.fontName size:66.0];
    result.adjustsFontSizeToFitWidth = YES;
    //result.baselineAdjustment = UIBaselineAdjustmentAlignBaselines;
    result.textColor = [UIColor whiteColor];
    result.textAlignment = NSTextAlignmentRight;
    result.numberOfLines = 1;
    result.tag = 200;
```

cellWidth 和 cellHeight 用来表示计算器各个按钮统一的宽度和高度。result 为表示结果的 UILabel 对象，adjustsFontSizeToFitWidth 属性设为 YES，表示当结果的长度很长时，自动根据其 frame 大小调整字体大小以显示全。numberOfLines 属性表示只允许显示一行。

以下代码为显示按钮的逻辑：

```
    titles = @[
```

```
                @"7",@"8",@"9",@"/",
                @"4",@"5",@"6",@"*",
                @"1",@"2",@"3",@"-",
                @"C",@"0",@".",@"+",
                ];

    for (int i = 0; i < 16; i++) {
        int n = i % 4;
        int m = i / 4 + 1;
        btn[i] = [UIButton buttonWithType:UIButtonTypeRoundedRect];
        btn[i].layer.borderWidth = 0.25;
        btn[i].layer.borderColor = [UIColor whiteColor].CGColor;
        btn[i].layer.backgroundColor = n < 3 ? [UIColor grayColor].CGColor :
[UIColor orangeColor].CGColor;
        btn[i].tag = 100 + i;
        [btn[i] setTitle:titles[i] forState:UIControlStateNormal];
        [btn[i] setTitleColor:[UIColor blackColor] forState:UIControlStateNormal];
        btn[i].frame = CGRectMake(n * cellWidth, labelHeight + m * cellHeight,
cellWidth, cellHeight);
        [btn[i] addTarget:self action:@selector(onPress:) forControlEvents:
UIControlEventTouchUpInside];

        [self.view addSubview:btn[i]];
    }
    btn[16] = [UIButton buttonWithType:UIButtonTypeRoundedRect];
    btn[16].layer.borderWidth = 0.25;
    btn[16].layer.borderColor = [UIColor whiteColor].CGColor;
    btn[16].layer.backgroundColor = [UIColor orangeColor].CGColor;
    btn[16].tag = 116;
    btn[16].frame = CGRectMake(0, labelHeight, width, cellHeight);
    [btn[16] setTitle:@"=" forState:UIControlStateNormal];
    [btn[16] setTitleColor:[UIColor blackColor] forState:UIControlState
Normal];
    [btn[16] addTarget:self action:@selector(onPress:) forControlEvents:
UIControlEventTouchUpInside];
```

```
    [self.view addSubview:btn[16]];


    [self.view addSubview:result];

    lastNum = @"";

    stateNew = YES;

}
```

将各按钮按照 titles 数组的排列来布局。

各按钮的响应方法全部都用同一个方法 onPress: ，通过各按钮的 tag 值来区分，代码如下。

```
-(void)onPress:(UIButton *)button

{

    //NSLog(@"tag:%d",button.tag);

    if (curOperate != nil) {

        curOperate.layer.borderWidth = 0.25;

        curOperate.layer.borderColor = [UIColor whiteColor].CGColor;

    }

    if (button.tag % 4 == 3) {

        button.layer.borderWidth = 2;

        button.layer.borderColor = [UIColor blackColor].CGColor;

        if (curOperate != nil) {

            [self calc];

        }

        curOperate = button;

        lastNum = result.text;

        stateNew = YES;

        NSLog(@"%@",lastNum);

        return;

    }

    if (button.tag == 116) {

        if (curOperate != nil && ![lastNum isEqualToString:@""])

            [self calc];

        return;

    }

    if (button.tag == 112) {

        [self reset];
```

```
        return;
    }
    if (stateNew) {
        result.text = @"0";
        stateNew = NO;
    }
    NSString    *text   =   [NSString    stringWithFormat:@"%@%@",[result.text
isEqualToString:@"0"] ? @"" : result.text,titles[button.tag - 100]];

    result.text = text;
}
```

curOperate 用来标记是否按下+ – * /等 4 个操作按钮，如果有按下，显示一个黑色边框。

这里要记录按下各个按钮之后的状态变化，当按顺序分别按下数字 – >操作符 – >数字之后，就会调用 calc 方法进行计算并显示结果，代码如下。

```
-(void)calc
{
    float first = lastNum.floatValue;
    NSString *oper = curOperate.titleLabel.text;
    float second = result.text.floatValue;
    if ([oper isEqualToString:@"+"]) {
        result.text = [NSString stringWithFormat:@"%f",first + second];
    }if ([oper isEqualToString:@"-"]) {
        result.text = [NSString stringWithFormat:@"%f",first - second];
    }if ([oper isEqualToString:@"*"]) {
        result.text = [NSString stringWithFormat:@"%f",first * second];
    }if ([oper isEqualToString:@"/"]) {
        result.text = [NSString stringWithFormat:@"%f",first / second];
    }
    [self resetState];
}
```

这里的逻辑便简捷明了了。涉及的其他两个方法代码如下。

```
-(void)resetState
{
    curOperate = nil;
```

```
    lastNum = @"";

    stateNew = YES;

}


-(void)reset

{

    [self resetState];

    result.text = @"0";

}
```

至此计算器的核心代码便已完成，运行效果如图 5-5 所示。

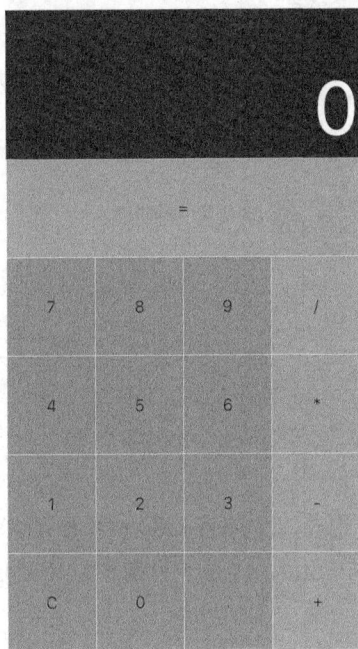

图 5-5　计算器示例

5.5　开关控件、滑块控件与分段控件

5.5.1　开关控件

开关控件 UISwitch 如图 5-6 所示。

图 5-6　开关控件

创建与使用开关控件的代码如下所示。

```
UISwitch *swi = [[UISwitch alloc] init];
[swi sizeToFit];
swi.center = CGPointMake(100, 100);
[swi addTarget:self action:@selector(onSwitch:) forControlEvents: UIControl
EventValueChanged];
```

一般自己定义 UISwitch 的大小不如调用 sizeToFit 来自动适配最合适的大小，然后通过 center 属性来指定其位置。UISwitch 对象能响应的事件一般就是一个：UIControlEventValueChanged。

5.5.2　滑块控件

滑块控件即 UISlider，如图 5-7 所示。

图 5-7　滑块控件

UISlider 的用法如下代码所示。

```
CGFloat left = 30;
UISlider *sli = [[UISlider alloc] initWithFrame:CGRectMake(left, 100, self.
view.frame.size.width - left*2, 44)];
[sli addTarget:self action:@selector(onSlider:) forControlEvents:UIControl
EventValueChanged];
```

与 UISwitch 一样，UISlider 也基本只响应 UIControlEventValueChanged 事件。UISwitch 可以查看其头文件，有一个属性 value，代表了目前滑块所处位置的值。

5.5.3　分段控件

分段控件即 UISegmentedControl，其显示如图 5-8 所示。

Carrier 🛜　　　　　　11:12 AM

| 第一段 | 第二段 | 第三段 |

图 5-8　分段控件

其用法如以下代码所示。

```
    UISegmentedControl *segs = [[UISegmentedControl alloc] initWithItems:@[@"
第一段",@"第二段",@"第三段"]];
    segs.frame = CGRectMake(30, 25, self.view.frame.size.width - 60, 34);
    segs.selectedSegmentIndex = 0;
    [segs addTarget:self action:@selector(onSegChange:) forControlEvents:UI
Control EventValueChanged];
```

　　只需要这几行代码,就可以显示出如图 5-8 所示的界面了。同样,UISegmentedControl
可 以 响 应 的 事 件 也 是 UIControlEventValueChanged, 在 事 件 响 应 方 法 中, 可 以 通 过
UISegmentedControl 对象的 selectedSegmentIndex 属性得知当前所选的 index, 从而做
出响应。

　　提示：任何事件响应方法, 都带一个参数, 默认为(id) sender, 此 sender 即发生该
事件所在的控件本身。因此有时候为了方便, 类型不用 id, 而用实际的类型。

5.5.4　项目制作——制作设置界面

　　新建项目(源代码参见本书配套第 5 章的项目), 按之前所述,先去掉项目属性的 Main
interface 的 main.storyboard,令其为空即可。在 AppDelegate.m 方法中构造好 UIWindow
对象, 此段不再赘述。

　　依次建立分段、滑块以及开关控件, 以及响应方法, 响应方法的代码如下。

```
- (void)onSegChange:(id)sender
{
    UISegmentedControl *seg = (UISegmentedControl *)sender;
    UIAlertView *alert = [[UIAlertView alloc] initWithTitle:@"温馨提示"
message:[NSString stringWithFormat:@"您单击了第%ld 段", (long)seg.selected
SegmentIndex + 1] delegate:nil cancelButtonTitle:@"取消" otherButtonTitles:@"
确定", nil];
    [alert show];
}


- (void)onSlider:(UISlider *)sli
{
    NSLog(@"UISlider 滑动了! %f",sli.value);
}


- (void)onSwitch:(UISwitch *)swi
{
```

```
        UIAlertView *alert = [[UIAlertView alloc] initWithTitle:@"温馨提示"
message:swi.on ? @"您打开了开关" : @"您关闭了开关" delegate:nil cancelButtonTitle:@"
取消" otherButtonTitles:@"确定", nil];
        [alert show];
    }
```

这里三个响应方法均带一个参数 sender。sender 其实就是发生事件的控件本身。知道这个特点就能很方便地编写响应方法了。这里只是简单地弹出警告框提示操作了控件，或者在 Xcode 的控制台中打印滑块当前的值。

5.6　输入控件

输入型的控件主要有 2 个：UITextField 用以单行输入，以及 UITextView 用以输入多行文本。

5.6.1　UITextField 控件

UITextField 控件的建立很简单。其 text 属性即为其显示的内容以及用户输入的内容。为了控制其输入过程中的诸多事件，需要实现 UITextFieldDelegate 协议，在协议规定的方法（也即事件处理方法）中处理相关的事件。这里需要给控制器增加一个协议，代码如下。

```
@interface ViewController () <UITextFieldDelegate>
```

UITextFieldDelegate 协议可以通过按下 Command 键并单击来查看其具体定义，代码如下。

```
@protocol UITextFieldDelegate <NSObject>
@optional
 - (BOOL)textFieldShouldBeginEditing:(UITextField *)textField;          // 如果
不希望能编辑，返回 NO.
 - (void)textFieldDidBeginEditing:(UITextField *)textField;             //
textField 成为第一响应者，开始接受输入，编写需要做的事
 - (BOOL)textFieldShouldEndEditing:(UITextField *)textField;           // 返回
YES 表示允许结束编辑状态，缩回键盘。返回 NO 表示不允许结束编辑状态
 - (void)textFieldDidEndEditing:(UITextField *)textField;               // 编辑结束时


 - (BOOL)textField:(UITextField *)textField  shouldChangeCharactersInRange:
(NSRange)range replacementString:(NSString *)string;    // 返回 NO 表示不允许替换字符
```

```
- (BOOL)textFieldShouldClear:(UITextField *)textField;            // 按下
```
"清除" 按钮时调用，返回 NO 表示不清除
```
- (BOOL)textFieldShouldReturn:(UITextField *)textField;           // 当
```
"return"键按下时触发，返回 NO 表示忽略
```
@end
```

可以看到，协议规定的所有方法都是可选的。可以选择其中一个或多个来实现需要的功能。其中用的比较多的是 textFieldDidEndEditing:方法，用于在用户结束编辑时的处理工作。

技巧：UITextField 设置 delegate 后，如果控制器被销毁，有可能引发异常，是因为某些处理方法仍然通过 textField 的代理进行调用，然后控制器已经被销毁了，这将导致一个 EXC_BAD_ACCESS 异常而闪退，即向一个已经不存在的对象发送了消息。解决办法：给控制器添加代码如下。

```
- (void)dealloc
{
    tf.delegate = nil;
}
```

在 dealloc 方法中将 textField 的 delegate 属性设置为 nil 即可。向 nil 发送任何消息都不会引发异常。

5.6.2 UITextView 控件

UITextView 控件可以展示大段文本。可有两种用途：

（1）用作阅读器，展示大屏文本；

（2）用于输入大段文本，可用作记事本之类的。

UITextView 有一 BOOL 类型属性 editable 来控制是否可编辑，以上两种用途即用此属性来控制。

使用 UITextView 的代码如下：

```
UITextView *tv = [[UITextView alloc] initWithFrame:CGRectMake(rightLeft, top
+ 5, rightWidth, 44 * 3)];
    tv.delegate = self;
    tv.font = tf.font;
    tv.layer.borderWidth = 0.5;
    tv.layer.borderColor = [UIColor colorWithWhite:0.8 alpha:1.0].CGColor;
    tv.layer.cornerRadius = 4;
    [self.view addSubview:tv];
```

以上代码定义了一个供输入用的输入框，带边框和圆角。任意 UIView 对象都有一个 CALayer 类型的属性 layer，用此属性可以很方便地添加边框和圆角。

UITextField 也有一个 delegate 属性，对应的协议是 UITextViewDelegate 协议。协议定义的代码如下（摘自苹果官方头文件，可在 UITextView 上按 command 键再单击即可看到）。

```
@protocol UITextViewDelegate <NSObject, UIScrollViewDelegate>

@optional

- (BOOL)textViewShouldBeginEditing:(UITextView *)textView;
- (BOOL)textViewShouldEndEditing:(UITextView *)textView;

- (void)textViewDidBeginEditing:(UITextView *)textView;
- (void)textViewDidEndEditing:(UITextView *)textView;

- (BOOL)textView:(UITextView *)textView shouldChangeTextInRange:(NSRange)
range replacementText:(NSString *)text;
- (void)textViewDidChange:(UITextView *)textView;

- (void)textViewDidChangeSelection:(UITextView *)textView;

- (BOOL)textView:(UITextView *)textView shouldInteractWithURL:(NSURL *)URL
inRange:(NSRange)characterRange NS_AVAILABLE_IOS(7_0);
- (BOOL)textView:(UITextView *)textView shouldInteractWithTextAttachment:
(NSTextAttachment *)textAttachment inRange:(NSRange)characterRange NS_AVAILA
BLE_IOS(7_0);

@end
```

可以看到，所有的协议方法都是可选的，根据其名字一看基本就知道用法。这也是 Objective-C 语言的一大特点。

5.6.3 项目制作——制作一个输入界面

本节项目的源代码详情可下载细看，运行效果如图 5-9 所示。

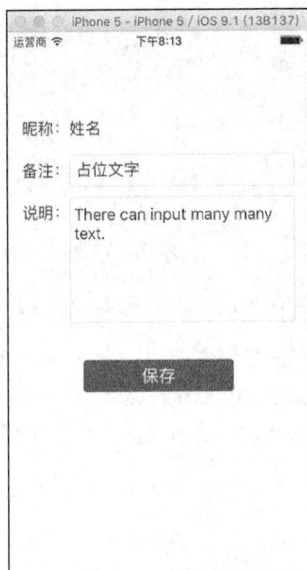

图 5-9　输入界面示例

这里涉及的对象之前都有提到过，其主要界面代码也不复杂，如下所示。

```
#import "ViewController.h"

@interface ViewController () <UITextFieldDelegate>
{
    UILabel *name;
    UITextField *tf;
    UITextView *tv;
    UILabel *placeHolder;
}
@end


@implementation ViewController


- (void)viewDidLoad {
    [super viewDidLoad];
    // Do any additional setup after loading the view, typically from a nib.
    // 第一行
    self.view.backgroundColor = [UIColor whiteColor];
    CGFloat top = 64 + 15;
    CGFloat edge = 15;
```

```objc
    UILabel *title1 = [UILabel new];
    title1.text = @"昵称: ";
    [title1 sizeToFit];

    CGFloat leftLabelWidth = title1.frame.size.width;
    CGFloat rightLeft = edge + leftLabelWidth;
    CGFloat rightWidth = self.view.frame.size.width - rightLeft - edge;

    title1.frame = CGRectMake(edge, top, leftLabelWidth, 44);

    name = [[UILabel alloc] initWithFrame:CGRectMake(rightLeft, top,
rightWidth, 44)];
    name.text = @"姓名";

    [self.view addSubview:title1];
    [self.view addSubview:name];

    // 第二行
    top += 44;
    UILabel *title2 = [[UILabel alloc] initWithFrame:CGRectMake(edge, top,
leftLabelWidth, 44)];
    title2.text = @"备注: ";
    tf = [[UITextField alloc] initWithFrame:CGRectMake(rightLeft, top + 5,
rightWidth, 34)];
    tf.text = @"占位文字";
    tf.borderStyle = UITextBorderStyleRoundedRect;

    [self.view addSubview:title2];
    [self.view addSubview:tf];

    // 第三行
    top += 44;
    UILabel *title3 = [[UILabel alloc] initWithFrame:CGRectMake(edge, top,
```

```
leftLabelWidth, 44)];
    title3.text = @"说明: ";
    tv = [[UITextView alloc] initWithFrame:CGRectMake(rightLeft, top + 5,
rightWidth, 44 * 3)];
    tv.delegate = self;
    tv.font = tf.font;
    tv.layer.borderWidth = 0.5;
    tv.layer.borderColor = [UIColor colorWithWhite:0.8 alpha:1.0].CGColor;
    tv.layer.cornerRadius = 4;

    [self.view addSubview:title3];
    [self.view addSubview:tv];


    // 保存按钮
    top += 44 * 4;
    UIButton *btn = [UIButton buttonWithType:UIButtonTypeCustom];
    [btn setTitle:@"保存" forState:UIControlStateNormal];
    btn.backgroundColor = [UIColor blueColor];
    btn.layer.cornerRadius = 4;
    CGFloat width = self.view.frame.size.width/2.0;
    btn.frame = CGRectMake(width/2.0, top, width, 34);
    [btn addTarget:self action:@selector(saveRemarks:) forControlEvents:
UIControlEventTouchUpInside];

    [self.view addSubview:btn];
}

- (void)saveRemarks:(id)sender
{
    // 保存相关代码省略
}

- (void)textViewDidChange:(UITextView *)textView
{
    placeHolder.hidden = textView.text.length > 0;
```

```
}

- (void)dealloc
{
    tf.delegate = nil;
}
```

5.7 日期选择器 UIDatePicker

5.7.1 日期选择器概述

日期选择器显示如图 5-10 所示。

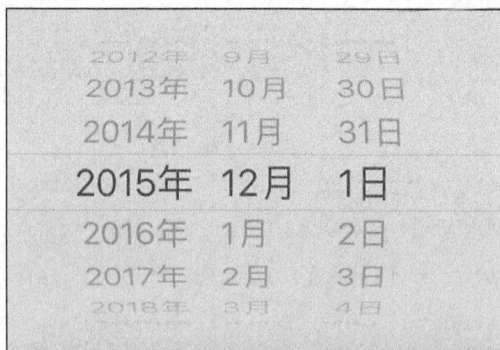

图 5-10 日期选择器

要做出这样的界面很容易，UIDatePicker 用法如下代码所示。

```
UIDatePicker *datePicker = [[UIDatePicker alloc] initWithFrame:CGRectZero];
    [datePicker sizeToFit];
    datePicker.datePickerMode = UIDatePickerModeDate;

    UITextField *tf = [[UITextField alloc] initWithFrame:CGRectMake(20, 150,
self.view.frame.size.width - 40, 44)];
    tf.layer.borderWidth = 0.5;
    tf.layer.cornerRadius = 4;
    tf.inputView = datePicker;

    [self.view addSubview:tf];
```

UIDatePicker 的大小可令其自动适配。设置好其显示的模式即可，其显示模式
datePickerMode 有如下几种。

（1）UIDatePickerModeTime 仅展示和选择 小时 | 分钟 | AM/PM(根据系统设置自

动显示或不显示);

（2）UIDatePickerModeDate　仅展示和选择　年 | 月 | 日；

（3）UIDatePickerModeDateAndTime 展示和选择　年 | 月 | 日 | 小时 | 分钟等；

（4）UIDatePickerModeCountDownTimer　用以计时，选择小时数和分钟数：小时 | 分钟。

　　UIDatePicker 可以选择按一般的视图来显示，也可作为弹出的输入键盘内容来显示。后者的话，需要一个 UITextField（UITextView 也可以），其有一个属性 inputView，可对其赋值以定制输入界面。将建立好的 UIDatePicker 对象赋值给此属性，在激活 UITextField 对象的输入时，就能见到日期选择输入界面了。

5.7.2　日期选择器属性介绍

　　除了上一小节提到的 UIDatePickerMode 属性以外，UIDatePicker 还有以下常用属性。

（1）NSDate *date　该属性最常用，给其赋值某 NSDate 对象时，即可令 UIDatePicker 对象显示该日期。用户选择好的日期亦可从该属性读取；

（2）NSDate *minimumDate　设定可选的最小日期，该日期之前的时间将不可选；

（3）NSDate *maximumDate　设定可选的最大日期，该日期之后的时间将不可选。

5.7.3　日期换算与格式化

　　如果仅仅在国内制作 App，日期的格式问题不复杂。但是如果面向国际，则日期格式就非常复杂了。日期的换算和格式化需要用到 NSDateFormatter 类，常用的用法如以下代码所示。

```
NSDateFormatter *df = [[NSDateFormatter alloc] init];
df.dateFormat = @"yyyy-MM-dd HH:mm:ss";
NSString *dateString = [df stringFromDate:[NSDate date]];
NSDate *date = [df dateFromString:@"2015-12-01 20:05:23"];
```

　　NSDateFormatter 对象的 dateFormat 属性是一个 NSString 对象，用一些字符决定如何格式化日期显示。这里 yyyy 意思是年份显示 4 位，MM 表示月份显示 2 位，dd 表示天数显示 2 位，HH、mm、ss 分别代表小时、分钟、秒数，皆显示 2 位。后 2 行代码显示了如何对字符串和日期对象之间进行互相转换。

5.8　自定义选择器 UIPickerView

5.8.1　自定义选择器概述

　　除了日期选择器，有时候还会需要显示其他的选择器，最典型的就是显示省份 – 城市 – 区（县）这种选择。这就需要使用 UIPickerView 来构建类似于 UIDatePicker 的选择器界面，如图 5-11 所示。

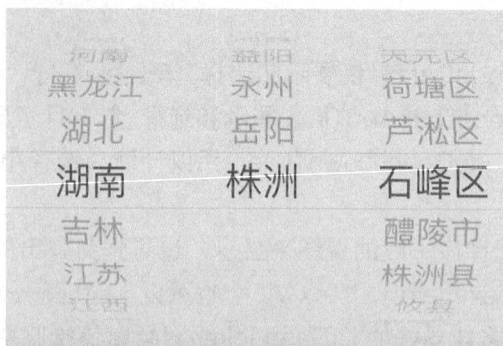

图 5-11　自定义选择器示例

UIPickerView 比 UIDatePicker 要复杂一些，因为显示哪些数据列以及每列都有哪些数据，需要通过实现 UIPickerView 类相关的协议方法来提供。

5.8.2　UIPickerView 代理

UIPickerView 的代理有 2 个，分别为 dataSource 与 delegate，其对应的协议分别为 UIPickerViewDataSource 与 UIPickerViewDelegate 协议。顾名思义，前者用以提供显示的内容，后者用以处理选择器的事件。

UIPickerViewDataSource 协议的常用方法有以下几个，如代码所示。

```
@protocol UIPickerViewDataSource<NSObject>
@required
- (NSInteger)numberOfComponentsInPickerView:(UIPickerView *)pickerView;

- (NSInteger)pickerView:(UIPickerView *)pickerView numberOfRowsInComponent:
(NSInteger)component;
@end
```

第一个方法用以知道需要显示多少列，第二个方法用以知道第某列需要显示多少行。除此之外，还需要知道行标题或者图像，以及事件处理方法等，这些都是 UIPickerViewDelegate 协议的内容，代码如下所示。

```
- (nullable NSString *)pickerView:(UIPickerView *)pickerView titleForRow:
(NSInteger)row forComponent:(NSInteger)component

- (nullable NSAttributedString *)pickerView:(UIPickerView *)pickerView
attributedTitleForRow:(NSInteger)row forComponent:(NSInteger)component

- (UIView *)pickerView:(UIPickerView *)pickerView viewForRow:(NSInteger)row
forComponent:(NSInteger)component reusingView:(nullable UIView *)view __TVOS_
PROHIBITED;
```

```
- (void)pickerView:(UIPickerView *)pickerView didSelectRow:(NSInteger)row
inComponent:(NSInteger)component
```

显示的每个数据项，可以是文字，带属性的文字（比如颜色、字体、大小等属性），甚至是图像或者某个视图。前三个方法即分别返回三者，当然，这三个方法只需要实现其中一个即可。

第四个方法是当选中某一项时的事件处理方法。当更改省份时，后 2 列的城市和区的显示需要随之更新，就需要在此方法中处理。

5.8.3　项目制作——制作一个选择器

本节制作一个简单的地址选择器。项目代码可下载查看。

为了展示选择器的内容，先至少需要实现 UIPickerViewDataSource 的 3 个方法，分别用来指定有多少列，每列多少行，以及每一行显示的标题。准备了 3 个 NSArray 对象作为数据，代码如下。

```
@interface ViewController () <UIPickerViewDataSource, UIPickerViewDelegate>
{
    NSArray *provinces;
    NSArray *cities;
    NSArray *areas;
    int curProvince, curCity, curArea;
}
@end
```

先声明对象实现了 UIPickerView 的 2 个协议，然后定义 3 个 NSArray 对象代表省、市、区，并定义了 3 个 int 型数据用来记录当前选中的省、市、区。然后建立 UIPickerView 对象，代码如下：

```
UIPickerView *pickerView = [[UIPickerView alloc] initWithFrame:CGRectZero];
[pickerView sizeToFit];
pickerView.dataSource = self;
pickerView.delegate = self;


UITextField *tf2 = [[UITextField alloc] initWithFrame:CGRectMake(20, 202,
self.view.frame.size.width - 40, 44)];
    tf2.text = @"单击选择省份地址等";
```

```
    tf2.layer.borderWidth = 0.5;

    tf2.layer.cornerRadius = 4;

    tf2.inputView = pickerView;

    [self.view addSubview:tf2];


    provinces = @[@"湖南", @"广东"];

    cities = @[

            @[@"长沙",@"株洲",@"湘潭"],

            @[@"广州",@"韶关",@"深圳"],

            ];

    areas = @[

            @[

                @[@"开福区",@"岳麓区"],

                @[@"天元区",@"石峰区"],

                @[@"雨花区",@"河西区"]

                ],

            @[

                @[@"天河区",@"某某区"],

                @[@"某1区",@"某2区"],

                @[@"龙岗区",@"高新区"]

                ]

            ];
```

　　下面是实现 pickerView 的代理协议的方法，先是指定总共有多少列，每列多少行，代码如下。

```
- (NSInteger)numberOfComponentsInPickerView:(UIPickerView *)pickerView
{
    return 3;
}


- (NSInteger)pickerView:(UIPickerView *)pickerView numberOfRowsInComponent:
(NSInteger)component
{
    if (component == 0) {
```

```
        return provinces.count;
    }else if (component == 1){
        return [cities[curProvince] count];
    }else{
        return [areas[curProvince][curCity] count];
    }
}
```

　　这里设计的数据结构都简化了，为什么如此设计，如此写法，希望读者仔细思考。下面是各个选择列要显示的标题，协议方法实现如下代码所示。

```
- (NSString *)pickerView:(UIPickerView *)pickerView titleForRow:(NSInteger)
row forComponent:(NSInteger)component
{
    if (component == 0) {
        return provinces[row];
    }else if (component == 1){
        return cities[curProvince][row];
    }else{
        return areas[curProvince][curCity][row];
    }
}
```

　　当省份或城市改变时，后面的列的显示需要相应的更新，代码如下所示。

```
- (void)pickerView:(UIPickerView *)pickerView didSelectRow:(NSInteger)row
inComponent:(NSInteger)component
{
    if (component == 0) {
        curProvince = row;
    }else if (component == 1){
        curCity = row;
    }else{
        curArea = row;
    }
    [pickerView reloadAllComponents];
}
```

这里的逻辑是很简单明了的，记录好当前选中的省/市/区的行号，然后令 pickerView 重新载入数据，刷新显示。

5.9 键盘定制与遮挡问题

5.9.1 键盘种类

iOS 系统提供的键盘种类有不少，可查看头文件中对键盘种类的定义。

```
typedef NS_ENUM(NSInteger, UIKeyboardType) {
    UIKeyboardTypeDefault,                // Default type for the current input
method.
    UIKeyboardTypeASCIICapable,           // Displays a keyboard which can
enter ASCII characters, non-ASCII keyboards remain active
    UIKeyboardTypeNumbersAndPunctuation,     //  Numbers  and  assorted
punctuation.
    UIKeyboardTypeURL,                    // A type optimized for URL entry
(shows . / .com prominently).
    UIKeyboardTypeNumberPad,              // A number pad (0-9). Suitable for
PIN entry.
    UIKeyboardTypePhonePad,               // A phone pad (1-9, *, 0, #, with
letters under the numbers).
    UIKeyboardTypeNamePhonePad,           // A type optimized for entering a
person's name or phone number.
    UIKeyboardTypeEmailAddress,           // A type optimized for multiple
email address entry (shows space @ . prominently).
    UIKeyboardTypeDecimalPad NS_ENUM_AVAILABLE_IOS(4_1),   // A number pad
with a decimal point.
    UIKeyboardTypeTwitter  NS_ENUM_AVAILABLE_IOS(5_0),         //  A type
optimized for twitter text entry (easy access to @ #)
    UIKeyboardTypeWebSearch NS_ENUM_AVAILABLE_IOS(7_0),      // A default
keyboard type with URL-oriented addition (shows space . prominently).

    UIKeyboardTypeAlphabet = UIKeyboardTypeASCIICapable, // Deprecated
};
```

可以看到，有专门输入数字的，专门输入 Email 的，专门用以输入搜索词上网搜索的，以及输入全字母的键盘。UITextField 和 UITextView 类均有属性 keyboardType，用以指定键盘类型，比如以下代码所示。

```
tf.keyboardType = UIKeyboardTypeAlphabet;
```

5.9.2   定制输入界面

输入界面是可以定制的。如 5.7 节和 5.8 节所讲之 UIDatePicker、UIPickerView。

凡输入控件，都有一个 UIView 类型的属性 inputView，给其指定一个 UIView 对象，即可实现定制输入界面。比如 UIDatePicker、UIPickerView 都是 UIView 的子类。

自己定制的输入界面，怎么知道在向哪个控件提供输入呢？也就是说，用户单击输入后，输入的内容要在当前的控件中显示出来，但是需要一个机制来获取当前控件。可参考以下代码获取当前输入控件。

```
UIView *firstResponder = [[UIApplication sharedApplication].keyWindowperform
Selector:@selector(firstResponder)];
```

iOS 系统有一个响应链的概念，响应链的最前端的第一响应者即 firstResponder，让某视图成为第一响应者即类似于将焦点集中在其上，如果是输入控件，即有键盘弹出。

5.9.3   定制辅助输入界面

有时候需要在键盘上放置工具栏显示某些按钮以方便操作，比如在 Safari 浏览器中填写表单时，如图 5-12 所示。

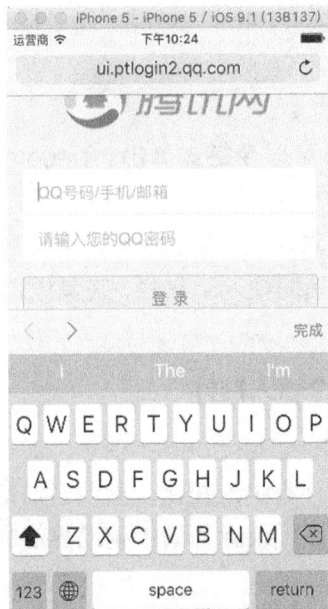

图 5-12   定制辅助输入界面

可以看到，这是 QQ 的网站登录界面，因有多个输入框，Safari 的输入键盘上附加了一个工具栏，有前进、后退按钮，还有完成按钮以收起键盘。制作这种辅助输入界面很容易，一般制作一个 UIToolBar 对象，将其赋值给输入控件的 inputAccessoryView 属性即可，如以下代码所示。

```
UIToolbar *toolBar = [UIToolbar new];
[toolBar sizeToFit];
tf.inputAccessoryView = toolBar;
```

以上代码只是简单地放置了一个空白的工具栏在输入界面之上，其中没有任何按钮。关于在 UIToolBar 上怎么添加按钮，见 5.11 节。

5.9.4　键盘遮挡问题

因为屏幕大小的缘故，会发现键盘弹出后很容易遮挡住其他控件，这样给人的体验会很差。解决方法是，将输入控件都放在 UIScrollView 或其子类上，这个类是可以滚动的视图，UITextField 对象成为第一响应者后，能自动调整滚动视图的相对位置，滑动到键盘的上方而不被遮挡，苹果对这个类位置的自动调整做了优化，通常都工作得非常好。UITextView 有时候就不行了，常用的方法是改变其高度，使得其最下面的边界正好处在键盘的上方。

5.9.5　关闭键盘

激活键盘很容易，但是会很快发现，几乎没有办法令键盘收回去。要编写代码关闭键盘很容易，对当前控件发送 resignFirstResponder 消息即可，也即退出第一响应者。如以下代码所示。

```
[tf resignFirstResponder];
```

与之相对的还有一个方法，可以令键盘弹出：becomeFirstResponder，也即成为第一响应者。

可以使用按钮来调用这些方法来关闭键盘，但是更常用的是利用 5.9.3 节所述的方法，像图 5-12 那样给键盘添加一个辅助输入工具栏，在其上添加一个"完成"按钮，单击"完成"时，关闭键盘。

5.9.6　将焦点转移至下一个输入控件

对下一个控件发送 becomeFirstResponder 消息，即可将焦点转移至此控件。

可以将页面上的所有输入控件都纳入控制，判断当前输入的是哪个控件，然后令其下一个控件成为第一响应者。这就是 safari 的输入辅助界面的前一个、后一个按钮实现的思路（见图 5-12）。

5.9.7　项目制作——制作一个日期计算器

计算日期之间的差值，是一种常见的生活场景。比如计时、倒计时，甚至孕妇计算孕周等等，实际意义很大。运行效果如图 5-13 所示。

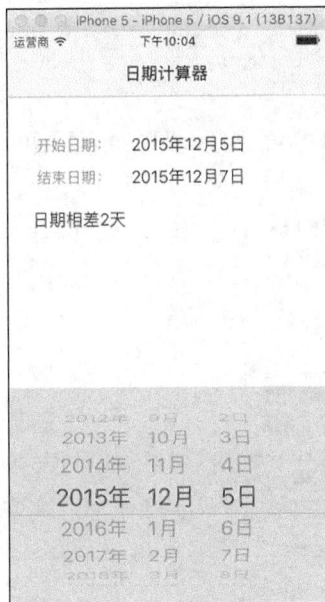

图 5-13　日期计算器

主要代码如下所示：

```
@interface ViewController ()
{
    UIButton *btn1;
    UIButton *btn2;

    UILabel *startLabel;
    UILabel *endLabel;
    UILabel *curLabel;

    UILabel *resultLabel;

    UITextField *tf;
    UIDatePicker *datePicker;
    NSDateFormatter *df;
}
@end
```

这里主要是视图变量定义，将用到的视图：2 个 UIButton 对象，3 个 UILabel 对象（curLabel 仅仅用以记录当前日期选择器所作用的 UILabel 对象），1 个 UITextField 对象（用以激活日期输入），1 个 UIDatePicker 对象，还有 1 个 UIDateFormatter 对象。

界面布局代码如下：

```
- (void)viewDidLoad {
    [super viewDidLoad];
    // Do any additional setup after loading the view, typically from a nib.
    self.title = @"日期计算器";
    self.view.backgroundColor = [UIColor whiteColor];

    df = [[NSDateFormatter alloc] init];
    df.dateStyle = NSDateFormatterMediumStyle;

    datePicker = [[UIDatePicker alloc] initWithFrame:CGRectZero];
    datePicker.datePickerMode = UIDatePickerModeDate;
    [datePicker addTarget:self action:@selector(dateChanged:) forControlEvents: UIControlEventValueChanged];

    tf = [UITextField new];
    tf.inputView = datePicker;

    btn1 = [UIButton buttonWithType:UIButtonTypeRoundedRect];
    [btn1 setTitle:@"开始日期: " forState:UIControlStateNormal];
    btn1.frame = CGRectMake(16, 100, 100, 24);
    [btn1 addTarget:self action:@selector(onDate:) forControlEvents:UIControl EventTouchUpInside];

    btn2 = [UIButton buttonWithType:UIButtonTypeRoundedRect];
    [btn2 setTitle:@"结束日期: " forState:UIControlStateNormal];
    btn2.frame = CGRectMake(16, 132, 100, 24);
    [btn2 addTarget:self action:@selector(onDate:) forControlEvents:UIControl EventTouchUpInside];

    startLabel = [[UILabel alloc] initWithFrame:CGRectMake(124, 100, 200, 24)];
```

```
    startLabel.text = [df stringFromDate:[[NSDate date] dateByAddingTime
Interval: -3600*24*10]];
    endLabel = [[UILabel alloc] initWithFrame:CGRectMake(124, 132, 200, 24)];
    endLabel.text = [df stringFromDate:[NSDate date]];
    resultLabel = [[UILabel alloc] initWithFrame:CGRectMake(24, 164, 200,
44)];

    [self.view addSubview:btn1];
    [self.view addSubview:btn2];
    [self.view addSubview:tf];
    [self.view addSubview:startLabel];
    [self.view addSubview:endLabel];
    [self.view addSubview:resultLabel];
}
```

这里值得注意的是，设置了一个 UITextField 对象，却不定义其 frame，这里不是要显示它，仅仅用其来触发日期选择输入界面的弹出。

剩余的事件响应方法如下代码所示。

```
- (void)onDate:(id)sender
{
    curLabel = sender == btn1 ? startLabel : endLabel;
    datePicker.date = [df dateFromString:curLabel.text];
    [tf becomeFirstResponder];
}


- (void)dateChanged:(UIDatePicker *)sender
{
    curLabel.text = [df stringFromDate:sender.date];
    [self caculateDateDiff];
}


- (void)caculateDateDiff
{
    NSDate *d1 = [df dateFromString:startLabel.text];
    NSDate *d2 = [df dateFromString:endLabel.text];
    NSTimeInterval res = [d2 timeIntervalSinceDate:d1];
```

```
    resultLabel.text = [NSString stringWithFormat:@"日期相差%.0lf 天",
res/(3600*24)];
    }
```

2 个按钮对象共用同一个事件响应方法 onDate:，在此方法中，先记录好该按钮所对应的显示日期的 UILabel 对象。随即将日期选择器的日期赋值为当前按钮所对应的 UILabel 对象显示的日期值，然后令 UITextField 对象成为第一响应者，日期选择器便弹出来了。只要日期有所改变，会触发 dateChanged:方法，此方法先将修改后的日期显示在当前 UILbel 对象上，随即调用 caculateDateDiff 方法计算日期差，并显示在 resultLabel 对象上。

5.10　网页控件 UIWebView

5.10.1　网页控件概述

UIWebView 可以看作一个网页浏览器界面，其核心代码封装得非常简练，暴露出的接口方法并不多，使用起来非常方便。实际上，只需要寥寥数行，就完全可以用其开发出一款微型的浏览器出来。

5.10.2　UIWebView 代理

UIWebView 在加载网页的过程中，若干事件的回调方法，都是通过代理完成，其相关的协议为 UIWebViewDelegate 协议，代码如下所示。

```
@protocol UIWebViewDelegate <NSObject>

@optional
- (BOOL)webView:(UIWebView *)webView shouldStartLoadWithRequest:(NSURLRequest *)request navigationType:(UIWebViewNavigationType)navigationType;
- (void)webViewDidStartLoad:(UIWebView *)webView;
- (void)webViewDidFinishLoad:(UIWebView *)webView;
- (void)webView:(UIWebView *)webView didFailLoadWithError:(nullable NSError *)error;

@end
```

webView:shouldStartLoadWithRequest: navigationType:方法用于新的网址请求前的检查，在此可以检查目的网址，返回 YES 允许继续访问，返回 NO 表示中断访问。

后面的三个方法分别表示开始加载网页、加载网页完成以及加载发生错误时的回调。

5.10.3　项目制作——制作一个微型浏览器

有了以上介绍的内容，便可以开始动手写一个简单的微型浏览器了。

在这个项目里，需要一个输入框，一个网页，一个警告框，代码如下所示。

```
@interface ViewController () <UIWebViewDelegate, UITextFieldDelegate>
{
    UIWebView *web;
    UITextField *tf;
}
@end
```

这里先定义 2 个实例变量，布局代码如下所示。

```
- (void)viewDidLoad {
    [super viewDidLoad];
    // Do any additional setup after loading the view, typically from a nib.t
    CGRect rect = self.view.bounds;
    rect.origin.y = 64;
    rect.size.height -= 64;
    web = [[UIWebView alloc] initWithFrame:rect];
    web.delegate = self;
    [self.view addSubview:web];

    UIView *view = [[UIView alloc] initWithFrame:CGRectMake(0, 0, self.view.
frame. size.width, 64)];
    view.backgroundColor = [UIColor colorWithWhite:0.95 alpha:1.0];
    [self.view addSubview:view];

    tf = [[UITextField alloc] initWithFrame:CGRectMake(15, 30, self.view.
frame. size.width - 30, 24)];
    tf.layer.borderWidth = 1;
    tf.returnKeyType = UIReturnKeyGo;
    tf.keyboardType = UIKeyboardTypeWebSearch;
    tf.delegate = self;
    tf.clearButtonMode = UITextFieldViewModeWhileEditing;
    [view addSubview:tf];
}
```

在 viewDidLoad 方法中，先将 UIWebView 对象 Web 放置在屏幕中，上方留出一个高 64 点的矩形空间，用来放置输入框（输入网址）。随后先定义一个容器 view，大小正好为 UIWebView 对象留出来的剩余空间，然后把 UITextField 对象置于其上。设置其边框宽度为 1，返回键的样式为 Go，也就是键盘最右下角显示的蓝色的按钮上的文字，汉字将显示为"前往"。键盘类型为上网类型（方便输入 www 等浏览常用字符）。设置清除按钮为在编辑时才显示。

那么如何在用户输入了网址后触发网站加载呢？可以在 UITextField 对象的代理方法中触发，代码如下所示。

```
- (BOOL)textFieldShouldReturn:(UITextField *)textField
{
    if (![textField.text hasPrefix:@"http://"]) {
        textField.text = [NSString stringWithFormat:@"http://%@",textField.text];
    }
    NSURL *url = [NSURL URLWithString:textField.text];
    NSURLRequest *req = [NSURLRequest requestWithURL:url];
    [web loadRequest:req];

    return YES;
}
```

textFieldShouldReuturn:方法，是在用户输入完网址后，单击键盘右下角的蓝色按钮时触发，其需返回一个 BOOL 值，返回 YES 表示接受此输入，键盘会消失。否则表示忽略此次单击，键盘不会消失。在此先判断用户有否输入标准的 http://前缀，如果没有，将此前缀自动添加到用户输入字符前面。随后构建一个 NSURL 对象。

NSURL 对象，是一个用来管理 URL 地址的类。URL 即统一资源定位符。比如以下都是 URL 地址：

http://www.qq.com

ftp://ftp.xauat.edu.cn:21/someFile

file:///usr/bin/perl

http://www.huanghai.me

可以看到，其前缀可以是 http、ftp、file 等单词，这个表示访问的协议。后面的// 后的字符，是在此协议之上的访问地址。一个 URL 唯一确定了一个资源所在地址。网址类的 URL，后面还能带端口号、用户名、密码等信息。

　　有了 NSURL 对象，就可以构建一个 NSURLRequest 对象，NSURLRequest 需要一个 NSURL 对象，用以向这个 URL 代表的资源发送网络请求，而 NSURLRequest 管理着请求 URL 所需要的其他信息。比如说，如果是 http 协议的地址，那么 NSURLRequest 实际上就是负责生成 http 协议请求的 http 头部字段（具体参见 http 协议）。

　　随后 UIWebView 通过 loadRequest:方法，接受这个 NSURLRequest 对象，自动启动网络连接获取资源并显示出来。

　　如果请求失败了怎么办？之前有介绍 UIWebViewDelegate 协议的内容，其中就有一个方法，用以加载失败时的处理，如下代码所示。

```
- (void)webView:(UIWebView *)webView
didFailLoadWithError:(NSError *)error
{
    UIAlertView *alert = [[UIAlertView alloc] initWithTitle:@"温馨提示"
message:@"加载出错！" delegate:nil cancelButtonTitle:@"取消" otherButtonTitles:
nil];

    [alert show];
}
```

　　在这里，不知道用户输入了什么网址，能否访问成功不知道，因此对于失败的访问，适当地提示一下是可以的。UIAlertView 是警告框类，用以在屏幕上显示一个警告窗口。其使用比较简便，有一个比较长的初始化方法，借此一次性配置好警告框，随后向 alert 对象发送 show 消息，即可令其在屏幕上显示出来，如图 5-14 所示。

图 5-14　加载失败的警告框

访问成功的样子如图 5-15 所示。

图 5-15　访问成功

　　限于目前所讲，目前这个浏览器过于简单，还缺乏诸如前进、后退、收藏夹、刷新等功能，可于日后自己加入。像前进、后退、刷新等功能，UIWebView 已自带，直接调用即可，具体可自行参见 UIWebView 的头文件（在 UIWebView 类名上按下 command 键并单击即可查看 UIWebView 头文件）。

5.11　工具栏与导航栏

　　常见的 App，绝大多数都带有导航栏和工具栏，两者比较相似，都是一个长方形，导航栏一定在屏幕最上方，如图 5-16 所示。

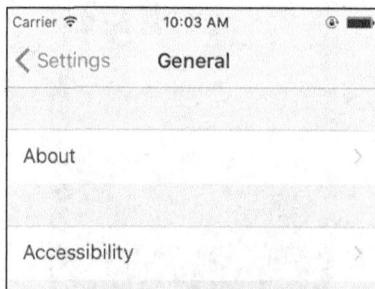

图 5-16　最上方的为导航栏

　　工具栏一般放置于屏幕最下方，或者放置于弹出的键盘之上，比如 QQ 与微信的聊天窗口最下方的输入聊天信息的地方，即为工具栏。iOS 自带地图最下方的工具栏，如图 5-17 所示。

图 5-17　iOS 自带地图最下方的工具栏

5.11.1　工具栏 UIToolBar 与 UIBarButtonItem

工具栏对应的类即 UIToolBar。在 UIToolBar 上添加按钮，一般使用 UIBarButtonItem，（当然也可以自己制作 UIButton 等其他视图或控件，用 addSubView 的方式添加到 UIToolBar 之上，但是一般不这么做）UIBarButtonItem 类是一个很灵活的类，制作一个 UIBarButtonItem 对象，可以使用系统图标、自定义的视图或图片，或者直接指定文字即可做成按钮。本节示例项目 5-8-navigationBar-toolBar 运行效果如图 5-18 所示。

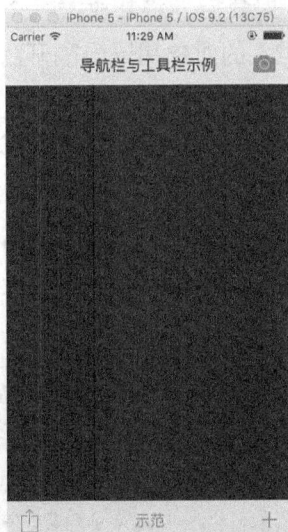

图 5-18　导航栏与工具栏示例

其中工具栏制作的示例代码如下所示。

```
toolBar        =       [[UIToolbar       alloc]   initWithFrame:CGRectMake(0,
self.view.frame.size. height - 44, self.view.frame.size.width, 44)];
    UIBarButtonItem *item1 = [[UIBarButtonItem alloc] initWithBarButton
SystemItem:UIBarButtonSystemItemAction                        target:self
action:@selector(onClick:)];
    UIBarButtonItem *item2 = [[UIBarButtonItem alloc] initWithTitle:@"示范"
style:UIBarButtonItemStylePlain target:self action:@selector(onClick:)];
    UIBarButtonItem *item3 = [[UIBarButtonItem alloc] initWithBarButton
SystemItem:UIBarButtonSystemItemAdd target:self action:@selector(onClick:)];
    UIBarButtonItem *space = [[UIBarButtonItem alloc] initWithBarButton
SystemItem:UIBarButtonSystemItemFlexibleSpace target:nil action:nil];
    toolBar.items = @[item1, space, item2, space, item3];


    [self.view addSubview:toolBar];
```

可以看到，这里总共制作了 4 个 UIBarButtonItem，使用的 init 方法各自不同，有的用 initWithBarButtonSystemItem:方法，这个可以直接使用系统图标；有的用 initWithTitle:方法，这个指定按钮的文字；还有两个常用的方法：initWithCustomView:方法，这个方法可以自己制作一个 UIView 或其子类作为参数，自由度很大；以及 initWithImage:方法，这个方法使用指定的图片来构建按钮。

系统图标有一个特殊的项：UIBarButtonSystemItemFlexibleSpace，这个用来表示一个弹性长度，能自动撑开按钮之间的距离。这里就使用了，用来将 item1.item2.item3 撑开，使得 item2 按钮居中显示。

制作好 4 个 UIBarButtonItem 对象后，将其放入一个数组，这里@[...]是一种简捷地表示一个 NSArray 数组的语法，里头的对象用逗号隔开。将此数组赋值给 UIToolBar 对象的 items 属性，即大功告成。

每个 UIBarButtonItem 都可指定自己的响应方法，用以事件处理。不得不说，UIToolBar 与 UIBarButtonItem 的这种设计方式，非常好用与方便。

5.11.2 导航栏 UINavigationBar 与 UINavigationItem

导航栏一般用 UINavigationController 自带的，本节示例项目的 AppDelegate.m 文件写法与之前的写法略有不同，如下所示。

```
- (BOOL)Application:(UIApplication *)Application didFinishLaunchingWith
Options: (NSDictionary *)launchOptions {
    // Override point for customization after Application launch.
    _window = [[UIWindow alloc] initWithFrame:[UIScreen mainScreen].bounds];
```

```
    ViewController *con = [[ViewController alloc] init];
    UINavigationController *nav = [[UINavigationController alloc] initWith
Root ViewController:con];
    _window.rootViewController = nav;
    [_window makeKeyAndVisible];
    return YES;
}
```

这里使用了 UINavigationController 类，将原本的 ViewController 对象作为自己的根对象，然后将此 UINavigationController 对象作为_window 的根控制器。这样整个 App 就有了一个统一的由 UINavigationController 类提供的 UINavigationBar 了。关于UINavigationController 类的详情使用，将在下一章阐述。

如图 5-18 所示的导航栏，有一个标题，以及放置于最右边的一个照相机按钮，这是怎么制作的呢？代码如下所示。

```
    self.title = @"导航栏与工具栏示例";
    self.navigationItem.rightBarButtonItem = [[UIBarButtonItem alloc] init
WithBarButtonSystemItem:UIBarButtonSystemItemCamera target:self action: @sele
ctor(onClick:)];
```

大部分情况下，UINavigationBar 都是使用 UINavigationController 自带这种。所以一般不需要自己去建立。当前视图控制器要设置 UINavigationBar 的中间的标题，只需要简单设置 self.title 的值即可。至于导航栏两边的按钮，由当前视图控制器的属性：self.navigationItem 来决定，一般设置在右侧，因为左侧要留给返回的按钮（只有不需要返回按钮的视图，才可以在左侧放置按钮），如图 5-16 所示，UINavigationBar 左侧返回的按钮都是由 UINavigationController 自动生成，除非自己有特殊需要去修改。

如上所述，在 UINavigationController 管理之下的 UINavigationBar，设置其标题以及按钮，都不需要直接操作 UINavigationBar 对象，而是直接操作当前视图控制器的几个属性即可。

self.navigationItem 是一个 UINavigationItem 类的对象，有几个常用的属性。

（1）title：即显示在 UINavigationBar 正中间的标题文字。

（2）titleView：可自定义显示在 UINavigationBar 正中间的标题 view，可使用任意UIView 或其子类，多使用图片。

（3）leftBarButtonItem：显示于左侧的按钮，为 UIBarButtonItem 对象。

（4）leftBarButtonItems：显示于左侧的一系列按钮，为 UIBarButtonItem 对象数组。

（5）rightBarButtonItem：显示于右侧的按钮，为 UIBarButtonItem 对象。

（6）rightBarButtonItems：显示于右侧的一系列按钮，为 UIBarButtonItem 对象数组。

5.11.3　总结 UIBarButtonItem

　　如前几节所述，UIBarButtonItem 实际上是对导航栏、工具栏这种"栏"类型的视图中放置的按钮做的一个抽象。用其包装一下，可以方便地定位以及定义其宽度，尤其通过其还可以方便地使用系统提供的图标，使得一些苹果标准化的动作的图标一致，也节省了用户的学习成本。

5.12　UIView 动画

5.12.1　动画概述

　　绚丽的动画，不仅可以增加 App 的观赏性，也为界面之间的过渡在人心理上做了准备。事实上，iPhone 最吸引人的地方，除了流畅的操作体验，这近乎完美的过渡动画也是 iOS 获得好评的重要原因之一。iOS 上的动画制作非常容易，一些简单的动画，只要几行代码就可以做到。

5.12.2　动画的几种方式

　　1. 首末动画

　　顾名思义，这是最简单的动画。制定开始的状态和动画结束时的状态，即可生成过渡动画。代码如下所示：

```
[UIView animateWithDuration:0.3 animations:^{
    // 可以尝试修改宽高
    if (view.frame.origin.x < 160) {
        view.frame = CGRectMake(240, 100, 60, 60);
    }else{
        view.frame = CGRectMake(16, 100, 60, 60);
    }
}];
```

　　可以看到，直接使用 UIView 类的类方法 animateWithDuration: animations:方法，在代码块中直接指定 view 的 frame 即可做出简单的平移/缩放动画。还有 view 的 alpha 属性，即透明度，也可以放在代码块中，即为透明度变化的动画。

　　5.1.4 节曾讲过视图的变换，有旋转、平移、拉伸等变换。平移/拉伸变化，可以通过直接指定 view 的 frame 来完成，但是旋转，就只有通过视图变换来完成。实现也是非常简单，如以下代码所示。

```
// M_PI 为圆周率
    CGAffineTransform transform = CGAffineTransformRotate(view.transform,
M_PI);
```

```
[UIView animateWithDuration:0.3 animations:^{
    view.transform = transform;
}];
```

以 CGAffineTransform 打头的方法有好几个，根据 Xcode 的提示，可以自己试验一下其他的变换。以上代码，实现了使得视图逆时针旋转 180 度动画。M_PI 是圆周率，此处用的旋转角度单位是弧度，一倍圆周率表示 180 度。

以上代码可见示例项目之 iOSAnimation，该项目展示了数个简单动画的实现。

2. 扩展

熟悉 iOS 的同学一定知道，iOS 动画有一种橡皮筋效果。这种效果，直接调用 UIView 的类方法 animateWithDuration: delay: usingSpringWithDamping: initialSpringVelocity: options: animations: completion:方法即可做到。关键在于调整里头的几个弹簧效果的参数，具体可参考文档或者搜索，例子很多。

3. 其他动画

其他动画还有逐帧动画等高级动画，因本书重心不在此以及篇幅所限，读者可自行参阅研究。

5.13　子类化 UIControl:设计自己的控件

UIView 是最基础的类，一般来说，UIView 只能捕捉到最低级的触摸事件，如果自己来判断这些触摸事件，是点按，还是长按，还是滑动，还是某个手势，将大大增加代码的复杂度。所幸苹果为此设计了 UIControl 类，该类将触摸事件包装和计算过后，低级的触摸事件转换成了高级的事件，可以直接使用简单事件响应编程模型来构建需要的控件。

本节有示例项目，设计一个 CheckedButton 控件。iOS 平台没有单选按钮，此控件即单选按钮，如图 5-19 所示。

图 5-19　单选按钮图

这个控件的实现还是比较简单的，准备 1 副红色的对勾图片即可。类的头文件如以下代码所示。

```
@interface CheckedButton : UIControl
@property (assign,nonatomic) BOOL checked;
@end
```

类 CheckedButton 直接继承自 UIControl 类，有一个属性 checked。

实现部分代码如下所示。

```
#import "CheckedButton.h"
```

```objc
@implementation CheckedButton
{
    UIImage *checkedImg;
    UIColor *checkedBorderColor;
    UIColor *unCheckedBorderColor;
    UIImageView *imgV;
}

- (instancetype)initWithFrame:(CGRect)frame
{
    self = [super initWithFrame:frame];
    checkedImg = [UIImage imageNamed:@"SY023"];

    imgV = [[UIImageView alloc] initWithFrame:self.bounds];
    imgV.image = checkedImg;
    [self addSubview:imgV];

    unCheckedBorderColor = [UIColor colorWithWhite:0.2 alpha:1];
    checkedBorderColor = [UIColor redColor];
    self.layer.borderWidth = 0.5;
    self.layer.cornerRadius = 4;

    self.checked = NO;

    [self addTarget:self action:@selector(onClick:) forControlEvents:UIControl EventTouchUpInside];

    return self;
}

- (void)onClick:(id)sender
{
    self.checked = !_checked;
}
```

```
- (void)setChecked:(BOOL)checked
{
    _checked = checked;
    imgV.image = checked ? checkedImg : nil;
    self.layer.borderColor = checked ? checkedBorderColor.CGColor : unchecked
BorderColor.CGColor;
    [self setNeedsLayout];
}


@end
```

给 UIControl 的子类增加事件响应是非常简单的事情，和之前学的控件类似，它也有一个 addTarget 方法，可以方便地给需要的事件绑定响应方法。然后重写了属性 checked 的 setter 方法。

为了检验该控件的使用效果，在 ViewController.m 文件中编写如下测试代码。

```
@interface ViewController ()
{
    CheckedButton *btn;
}
@end


@implementation ViewController


- (void)viewDidLoad {
    [super viewDidLoad];
    // Do any additional setup after loading the view, typically from a nib.
    btn = [[CheckedButton alloc] initWithFrame:CGRectMake(148, 100, 24, 24)];
    [self.view addSubview:btn];
}


- (void)didReceiveMemoryWarning {
    [super didReceiveMemoryWarning];
```

```
    // Dispose of any resources that can be recreated.
}


@end
```

屏幕中央即出现该按钮，单击后将会显示红色的对勾以及红色边框。不得不提的是，这个控件过于简单，如果想要在控件旁边显示一行文字，还需要在内部增加 UILabel 类，但是代码就复杂一些了。最好的解决办法，是将其父类改成 UIButton 类，UIButton 类非常强大，可以同时显示图片和文字，并且可以灵活地调整图片和文字的位置和距离。在这种情况下，完全可以利用 UIButton 来实现这个类，并且灵活性也足够高，代码量还不大。这个可以作为一个作业自己尝试做一下。

5.14　小结与作业

本章着重介绍了 iOS 界面设计的最基本元素——视图类的使用，并介绍了视图类相关的概念、常用的类，以及相关的方法和使用技巧等。本章有 10 个示例项目，可作为作业反复练习，务必掌握。

作业：

1. UIButton 的用法非常的广泛。有一种常见的界面，如图 5-20 所示。

图 5-20　UIButton 示例

图中的布局，可以用 4 个 UIButton 来完成。每个按钮的图片在上，文字在下。尝试查阅 UIButton 的文档或上网搜索，来做到这个效果。(提示：调整 titleEdgeInsets 和 imageEdgeInsets 两个属性)

2. 一段文字，如何计算其显示的宽度？或者指定宽度的情况下，如何计算其高度？(提示：用 NSString 的 sizeWithAttributes 方法或者 boundingRectWithSize 方法)

3. UILabel 可以方便地水平居中。但是，假如设置它的高度很高，却没有简单办法让文字垂直居中。尝试写一个 UILabel 的子类，使得可以令文字垂直居中。(提示：要覆盖 UILabel 的 drawTextInRect 方法)

4. UIWebView 虽然可以方便地展示网页。但是有时候需要与网页的 js 代码进行交互。如何调用 js 代码以获得结果 (比如检查网页有没有某个词语)，或者有没有办法能使得 js 调用 OC 的方法？(提示：UIWebView 有 stringByEvaluatingJavaScriptFromString 等方法)

5．UIBarButtonItem 并没有指定坐标，假如 2 个 UIBarButtonItem 并排布局，它们相隔的距离，需要精确控制的话，该怎么控制？（提示：UIBarButtonItem 有一个 width 属性，可以使用一个固定宽度的 UIBarButtonItem，令其宽度为负数，插在这 2 个 item 中间，便可减小其距离。）

6．如何简单地画一条直线？（提示：用 UIView，令其高度为 1 点，背景色为黑色）

7．如何简单地显示一个圆？

Chapter

6

第 6 章
导航控制器

Chapter 6

6.1　导航控制器概述

　　导航控制器有 2 个，一个在顶上，一个在底下。顶上的是 UINavigationController，是几乎每个 App 都能见到的。底下的是 UITabBarController，虽然也很常用，却不如 UINavigationController 用得多，如图 6-1 所示。

图 6-1　导航控制器

　　导航控制器的本质，就是维护了一个控制器的栈。控制器（也就是 UIViewController）基本可以认为就是 App 的一个页面（App 一般都有很多页面，操作 App 时都是在不同的页面之间跳转），而栈结构，就是先入后出的一个结构，好比在桌子上放书，一本一本的叠着垒起来，最后堆上去的书当然也就是最上层的书，在拿书的时候，却先拿最上面的，从上面一本一本拿出，这就是后入先出的结构，也就是栈。栈的好处，在于可以记忆最近做的事。导航控制器，内部就维护了一个控制器的栈（其实就是一个 NSArray 数组），当前显示的页面/控制器，就是当前处在栈顶的控制器。新切入一个页面时，栈会新压入一个控制器；退出当前页面时，栈也相应地弹出当前控制器，从而显示之前的页面/控制器，这就是导航控制器的内部逻辑。

6.1.1　UIViewController 的几个属性

　　在开发时，基本上是以 UIViewController 为单位开发的，也就是一个页面一个页面地开发，然后把这些页面通过导航控制器串起来。然而代码基本都写在 UIViewController 里，自然就会有访问导航控制器的需要，为此，UIViewController 提供了几个属性，可以方便地访问导航控制器。UINavigationController 相关的属性如以下代码所示。

```
@interface UIViewController (UINavigationControllerItem)


@property(nonatomic,readonly,strong) UINavigationItem *navigationItem; //
Created on-demand so that a view controller may customize its navigation
Appearance.
@property(nonatomic) BOOL hidesBottomBarWhenPushed __TVOS_PROHIBITED; // If
YES, then when this view controller is pushed into a controller hierarchy with
a bottom bar (like a tab bar), the bottom bar will slide out. Default is NO.
@property(nullable, nonatomic,readonly,strong) UINavigationController
*navigationController; // If this view controller has been pushed onto a navigation
controller, return it.


@end


@interface UIViewController (UINavigationControllerContextualToolbarItems)


@property (nullable, nonatomic, strong) NSArray<__kindof UIBarButtonItem *>
*toolbarItems NS_AVAILABLE_IOS(3_0) __TVOS_PROHIBITED;
- (void)setToolbarItems:(nullable NSArray<UIBarButtonItem *> *)toolbarItems
animated:(BOOL)animated NS_AVAILABLE_IOS(3_0) __TVOS_PROHIBITED;


@end
```

这是 UIViewController 类的官方的一个分类定义，定义了访问 UINavigationController
的一些属性和方法，其中有常用的几个属性：navigationItem，和 navigationController。
前者是用来定义顶部导航栏的标题/图片以及左侧右侧的按钮/图片的，后者可直接访问导
航控制器本身（比如推入新页面或退出当前页）。还有一个属性 hidesBottomBar
WhenPushed，也是常用的，在 6.2 节再详细介绍。

类似的，UITabBarController 相关的属性，如下代码所示。

```
@interface UIViewController (UITabBarControllerItem)


@property(null_resettable, nonatomic, strong) UITabBarItem *tabBarItem; //
Automatically created lazily with the view controller's title if it's not set
explicitly.


@property(nullable, nonatomic, readonly, strong) UITabBarController
*tabBarController; // If the view controller has a tab bar controller as its
```

ancestor, return it. Returns nil otherwise.

@end

可以看到，相关的属性也被设计为 UIViewController 类的一个分类，只有两个属性。其中 tabBarItem 属性用来定义底部导航栏每一项显示的图片和文字等内容，tabBarController 则可直接访问 UITabBarController，不过这种访问一般不多见，远不如 UINavigationController 相关属性用得广泛。

要特别说明的是，这些相关属性使用的前提是，该控制器处在导航控制器的管理之中，如果没有使用导航控制器，那访问这些属性将得到空值，也就是 nil。

6.1.2　导航设计

所谓导航设计，就是设计页面之间的关系，参考图 6-2。

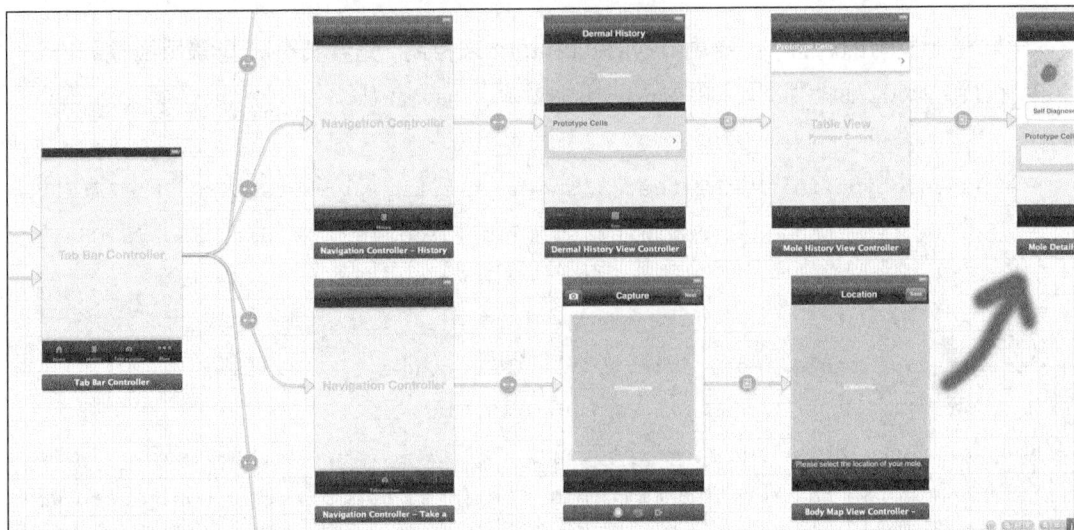

图 6-2　导航设计

这是用 storyboard 设计的页面及其关联。当然也可以不用 storyboard，页面之间的跳转可以用代码控制，也更为灵活，如以下代码所示。

```
if (index == 1) {
    OrderListViewController  *con  =  [[OrderListViewController  alloc]
init];
    con.hidesBottomBarWhenPushed = YES;
    [self.navigationController pushViewController:con animated:YES];
}
    if (index == 2) {
    MsgTableViewController *con = [[MsgTableViewController alloc] init];
    con.hidesBottomBarWhenPushed = YES;
```

```
    [self.navigationController pushViewController:con animated:YES];

    }
```

这段代码使用了 hidesBottomBarWhenPushed 属性，这个意思是推入新页面后隐藏底部的工具栏或导航栏。可以看到，推入新的页面，先建立新页面的控制器对象，然后用当前控制器的 navigationController 属性获取到导航控制器对象，调用其 pushViewController 方法，即可推入新页面。Push，就是推入的意思。当然也有 popViewController 方法，就是退出当前页面。

通过这些方法，可以在一个个页面之间建立各自的跳转关系，非常灵活。

6.2　导航控制器 UINavigationController

6.2.1　关于导航栏

导航栏上显示的内容，主要由 navigationItem 来控制，先看其有哪些常用属性和方法。

```
NS_CLASS_AVAILABLE_IOS(2_0) @interface UINavigationItem : NSObject <NSCoding>


- (instancetype)initWithTitle:(NSString *)title NS_DESIGNATED_INITIALIZER;
-  (nullable  instancetype)initWithCoder:(NSCoder  *)coder  NS_DESIGNATED_
INITIALIZER;


@property(nullable, nonatomic,copy)    NSString       *title;          //
Title when topmost on the stack. default is nil
@property(nullable, nonatomic,strong) UIView        *titleView;        //
Custom view to use in lieu of a title. May be sized horizontally. Only used when
item is topmost on the stack.


@property(nullable,nonatomic,copy)    NSString *prompt __TVOS_PROHIBITED;
// Explanatory text to display above the navigation bar buttons.
@property(nullable,nonatomic,strong)  UIBarButtonItem  *backBarButtonItem
__TVOS_PROHIBITED; // Bar button item to use for the back button in the child
navigation item.


@property(nonatomic,assign) BOOL hidesBackButton __TVOS_PROHIBITED; // If YES,
this navigation item will hide the back button when it's on top of the stack.
-  (void)setHidesBackButton:(BOOL)hidesBackButton  animated:(BOOL)animated
__TVOS_PROHIBITED;
```

```
    /* Use these properties to set multiple items in a navigation bar.
    The older single properties (leftBarButtonItem and rightBarButtonItem) now
refer to
    the first item in the respective array of items.

    NOTE: You'll achieve the best results if you use either the singular properties
or
    the plural properties consistently and don't try to mix them.

    leftBarButtonItems are placed in the navigation bar left to right with the
first
    item in the list at the left outside edge and left aligned.
    rightBarButtonItems are placed right to left with the first item in the list
at
    the right outside edge and right aligned.
    */
    @property(nullable,nonatomic,copy)  NSArray<UIBarButtonItem  *>  *leftBar
ButtonItems NS_AVAILABLE_IOS(5_0);
    @property(nullable,nonatomic,copy)  NSArray<UIBarButtonItem  *>  *rightBar
ButtonItems NS_AVAILABLE_IOS(5_0);
    - (void)setLeftBarButtonItems:(nullable NSArray<UIBarButtonItem *> *)items
animated:(BOOL)animated NS_AVAILABLE_IOS(5_0);
    - (void)setRightBarButtonItems:(nullable NSArray<UIBarButtonItem *> *)items
animated:(BOOL)animated NS_AVAILABLE_IOS(5_0);

    /* By default, the leftItemsSupplementBackButton property is NO. In this case,
    the back button is not drawn and the left item or items replace it. If you
    would like the left items to Appear in addition to the back button (as opposed
to instead of it)
    set leftItemsSupplementBackButton to YES.
    */
    @property(nonatomic)  BOOL  leftItemsSupplementBackButton  NS_AVAILABLE_
IOS(5_0) __TVOS_PROHIBITED;

    // Some navigation items want to display a custom left or right item when they're
```

```
on top of the stack.
    // A custom left item replaces the regular back button unless you set leftItems
SupplementBackButton to YES
    @property(nullable, nonatomic,strong) UIBarButtonItem *leftBarButtonItem;
    @property(nullable, nonatomic,strong) UIBarButtonItem *rightBarButtonItem;
    - (void)setLeftBarButtonItem:(nullable UIBarButtonItem *)item animated:(BOOL)
animated;
    - (void)setRightBarButtonItem:(nullable UIBarButtonItem *)item animated:
(BOOL) animated;

    @end
```

其中 title 用来指定导航栏正中央的标题。titleView 用来指定在导航栏正中央显示的视图（可以是图片，甚至控件，可自由定义）。如果同时定义了 title 和 titleView，则 title 不会显示。使用方法如以下代码所示。

```
@implementation ShopShowViewController

- (void)viewDidLoad {
    [super viewDidLoad];
    self.navigationItem.title = @"我的店铺";
```

效果如图 6-3 所示（背景色是其他代码设置的，未展示）。

图6-3 导航栏标题

leftBarButtonItem 属性是指定左侧显示的按钮，是 UIBarButtonItem 类型的对象；leftBarButtonItems 是一个数组，为指定左侧显示的多个按钮，为一个 UIBarButtonItem 类型的数组。类似的，有 rightBarButtonItem 和 rightBarButtonItems 属性。使用方法如以下代码所示。

```
@implementation OrderListViewController

- (void)viewDidLoad
{
    self.title = @"我的订单";


    self.navigationItem.rightBarButtonItem = [[UIBarButtonItem alloc] init
```

```
WithBarButtonSystemItem:UIBarButtonSystemItemSearch target:self action:@ sele
ctor(onSearchClick:)];
```

导航栏右侧按钮效果如图 6-4 所示。

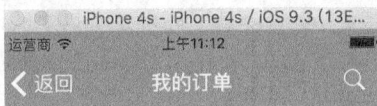

iPhone 4s - iPhone 4s / iOS 9.3 (13E...
运营商 令　　　上午11:12
〈 返回　　　我的订单

图 6-4　导航栏右侧按钮

假如要在右侧显示多个按钮，可建立多个 UIBarButtonItem 对象，放入一个 NSArray 数组后，赋值给 rightBarButtonItems 属性即可。

值得注意的是，左侧默认会有一个返回按钮，一般都不会在左侧放置按钮，当然也不是绝对，顶层控制器是没有返回按钮的，可以在左侧放置按钮。非顶层控制器也可以选择不显示返回按钮。

还要介绍一下，如何将控制器纳入导航控制器的管理，如下代码所示。

```
@implementation AppDelegate
- (BOOL)Application:(UIApplication *)Application  didFinishLaunchingWith
Options: (NSDictionary *)launchOptions {
    _window = [[UIWindow alloc] initWithFrame:[UIScreen mainScreen].bounds];
    ViewController *con = [[ViewController alloc] init];
    con.tabBarItem.title = @"首页";
    con.tabBarItem.image = [UIImage imageNamed:@"home"];
    UINavigationController *nav = [[UINavigationController alloc] initWith
Root ViewController:con];
    [nav.navigationBar setBackgroundImage:[UIImage new] forBarMetrics:UIBar
MetricsDefault];
    [nav.navigationBar setShadowImage:[UIImage new]];
    nav.navigationBar.barTintColor = MAINCOLOR;
    nav.navigationBar.tintColor = WHITE(1);
    nav.navigationBar.titleTextAttributes  =  @{NSForegroundColorAttribute
Name:WHITE(1)};

    ShopShowViewController *shopCon = [[ShopShowViewController alloc] init];
    shopCon.tabBarItem.title = @"店铺秀";
    shopCon.tabBarItem.image = [UIImage imageNamed:@"store"];
    UINavigationController *shopNav = [[UINavigationController alloc] init
WithRootViewController:shopCon];
    shopNav.navigationBar.barTintColor = MAINCOLOR;
```

```
    shopNav.navigationBar.tintColor = WHITE(1);
    shopNav.navigationBar.titleTextAttributes = @{NSForegroundColorAttri
buteName:WHITE(1)};


    SettingsViewController *setCon = [[SettingsViewController alloc] initWith
Style:UITableViewStyleGrouped];
    setCon.tabBarItem.title = @"我的";
    setCon.tabBarItem.image = [UIImage imageNamed:@"user"];
    UINavigationController *setNav = [[UINavigationController alloc] initWith
RootViewController:setCon];
    setNav.navigationBar.barTintColor = MAINCOLOR;
    setNav.navigationBar.tintColor = WHITE(1);
    setNav.navigationBar.titleTextAttributes = @{NSForegroundColorAttribute
Name:WHITE(1)};


    UITabBarController *tab = [[UITabBarController alloc] init];
    tab.tabBar.tintColor = MAINCOLOR;
    tab.viewControllers = @[nav, shopNav, setNav];


    _window.rootViewController = tab;
    [_window makeKeyAndVisible];
    return YES;
}
```

其中 MAINCOLOR 和 WHITE 是定义的宏。

这段代码的显示结果如图 6-5 所示。

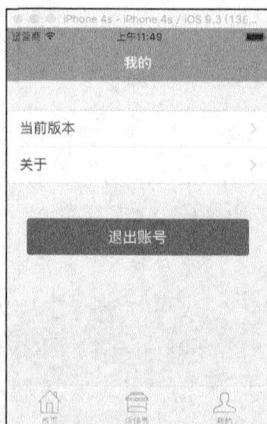

图 6-5　将控制器纳入导航控制器的管理

可以看到，UINavigationController 使用了 initWithRootViewController 来将控制器纳入管理。UINavigationController 维护的控制器栈，必须至少有一个控制器，不能为空，最底层的这个控制器，即为根控制器（root viewcontroller），根控制器也不能被弹出。

这一段代码也展示了如何建立 UITabBarController 以及如何指定底部导航栏的相关图片和文字，如何将控制器纳入管理。这段代码，是几乎每个项目都有的，写法大致是这样，需要牢牢记住。

6.2.2　关于工具栏

底部工具栏如图 6-6 所示。

图 6-6　底部工具栏

导航控制器自带工具栏，不过默认是不显示的。如果要使其显示出来，必须用如以下代码：

```
self.navigationController.toolbarHidden = NO;
```

这将会在当前页面底部显示一个空的工具栏。要在其中加入按钮，可用以下代码：

```
self.navigationController.toolbarItems = @[UIBarButtonItem 数组];
```

UINavigationController 的 navigationBar 和 toolBar，为控制器栈中所有的控制器所共享，所以本页面对 toolBar 添加按钮，必须通过 toolbarItems 属性来添加，这个属性只对当前页面有效，滑入下一个页面后该属性的效果会消失（因为不属于新页面）。如果不通过这个属性为 toolBar 添加按钮，会导致本页面显示的按钮在下一个页面照样显示。

toolBar 默认是不显示的，如果令其显示出来，会在滑入的新页面中也显示，这往往不是期望的行为，一般需要在新页面中隐藏掉，所以对要滑入的新页面使用如下代码：

```
OrderListViewController *con = [[OrderListViewController alloc] init];
con.hidesBottomBarWhenPushed = YES;
[self.navigationController pushViewController:con animated:YES];
```

这样在新页面中将看不到 toolbar。还有个问题，为什么这个属性，叫 hidesBottomBar WhenPushed，而不是 hidesToolbarWhenPushed？是因为，这个属性不仅能隐藏 toolbar，还能隐藏 UITabBarController 显示在底部的 tabBar，因为都是底部的 bar，所以叫 bottomBar。

6.3 标签页控制器 UITabBarController

6.3.1 设置图标

UITabBarController 的使用在前几节已经略有涉及。底部导航栏的图标和文字的设置方法，如以下代码所示。

```
SettingsViewController *setCon = [[SettingsViewController alloc] initWith
Style:UITableViewStyleGrouped];
    setCon.tabBarItem.title = @"我的";
    setCon.tabBarItem.image = [UIImage imageNamed:@"user"];
```

方法很简单，就是使用 tabBarItem 的 title 和 image 属性即可。图标单击变色，是 iOS 系统自动完成的。如果要改变其被选中的颜色，可参考如下代码。

```
UITabBarController *tab = [[UITabBarController alloc] init];
tab.tabBar.tintColor = MAINCOLOR;
tab.viewControllers = @[nav, shopNav, setNav];
```

tintColor 一般用来改变控件默认的展示颜色。viewControllers 属性，用来指定底部导航栏管理的控制器数组，指定了这个数组，将为底部导航栏自动生成图标列表。

6.3.2 多于五个标签的情况

UITabBarController 底部默认最多排布 5 个标签页。如果多于 5 个的话，则只显示 5 个，但是第五个是一个选择页面，如图 6-7 所示。

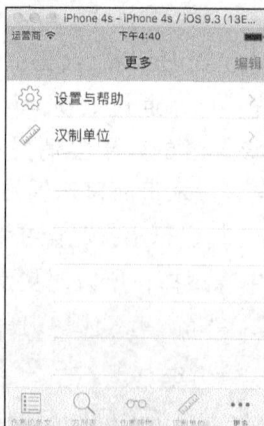

图 6-7　多于 5 个标签页的情况

可以看到，UITabBarController 自动处理好了这种情况。不过，一般不建议排布多于 5 个标签页的情况。最复杂如 QQ，也不过 3 个标签页，微信是 4 个标签页。

6.4　小结与作业

UINavigationController 和 UITabBarController 是 iOS 最重要的两个导航控制器，使用频率非常得高，尤其是 UINavigationController，几乎每个页面都能用到。UINavigationController 维护了一个 UIViewController 的栈，手机显示的是栈中最顶层的 Controller，通过 pushViewController:animated:方法来推入新页面，通过 popView ControllerAnimated:来退出到上一层页面。栈中必须至少有一个 Controller，即根控制器 RootViewController，根控制器是不可弹出的。

UITabBarController 使用频率不如 UINavigationController，两者常常配合使用。UITabBarController 使用比较简便。

作业：

1. UITabBarController 与 UINavigationController 如何配合使用？观察淘宝 App，尝试制作其顶层页面嵌套结构。有两种方案，一种是顶层用 UINavigationController，另一种是顶层用 UITabBarController。两种方法有什么区别？哪种更好？

2. UIViewController 有一个属性 hidesBottomBarWhenPushed，这个属性有什么用？在什么情况下使用？

Chapter

7

第 7 章
故事板 Storyboard 与页面跳转

7.1 故事板 Storyboard 概述

　　直接用代码建立界面，虽然灵活，但是不直观，开发效率也不高。因此有了可视化开发方法，iOS 目前建议使用 storyboard。但是 storyboard 也有些问题，比如团队合作容易有问题，Xcode 升级后往往修改 storyboard 格式，使得低版本 Xcode 打不开高版本 Xcode 的 storyboard 文件，还有不如代码灵活等问题。

7.2 使用 Storyboard 设计界面

7.2.1 通过鼠标拖拉建立控件

　　先建立新项目，转到 Main.storyboard 文件，如图 7-1 所示。

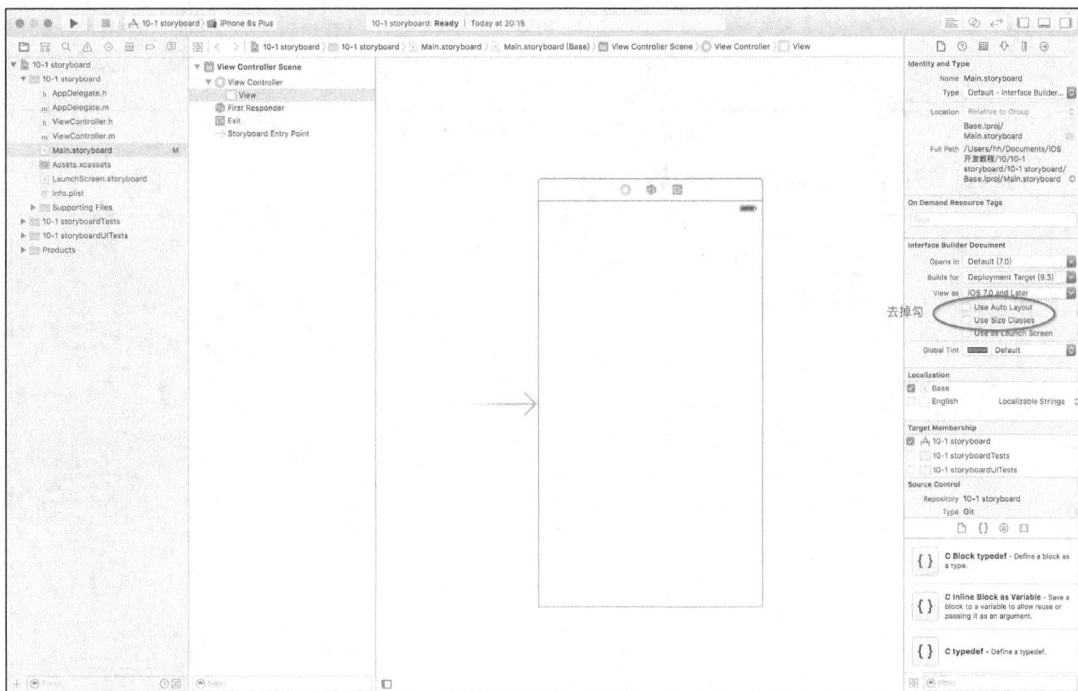

图 7-1　Main.storyboard 文件

> **注意**
>
> 　　如图 7-1 所示去掉 2 个勾。之后，我们就可以往界面里添加按钮（UIButton 对象），如图 7-2 所示。

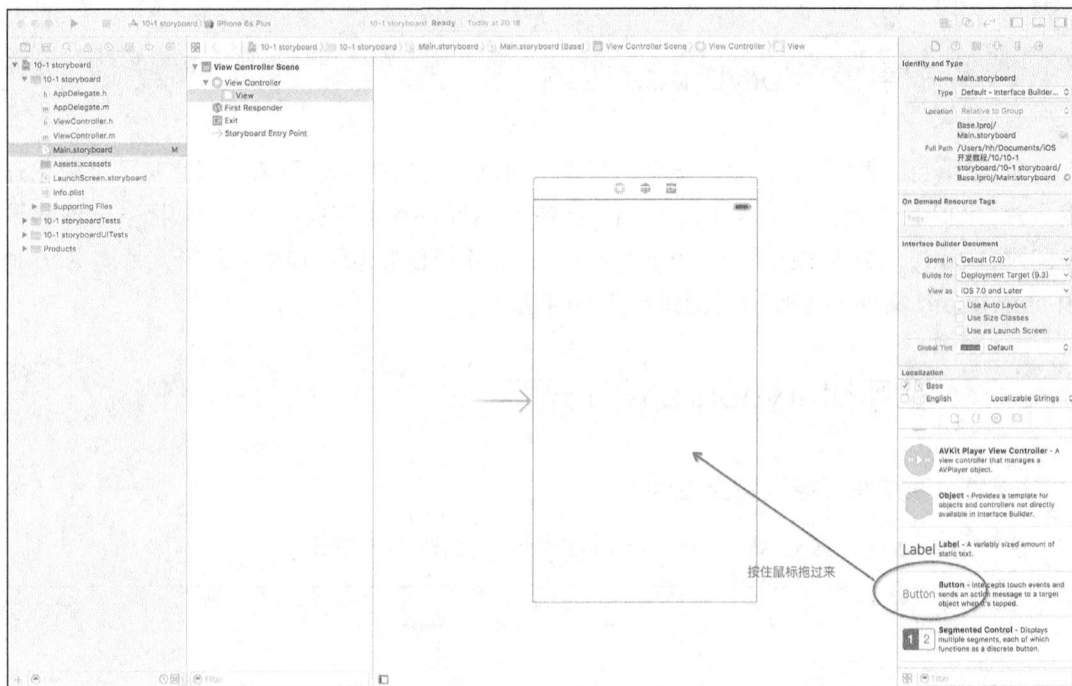

图 7-2　添加按钮（UIButton 对象）

拖到界面中后，更改按钮的标题，如图 7-3 所示。

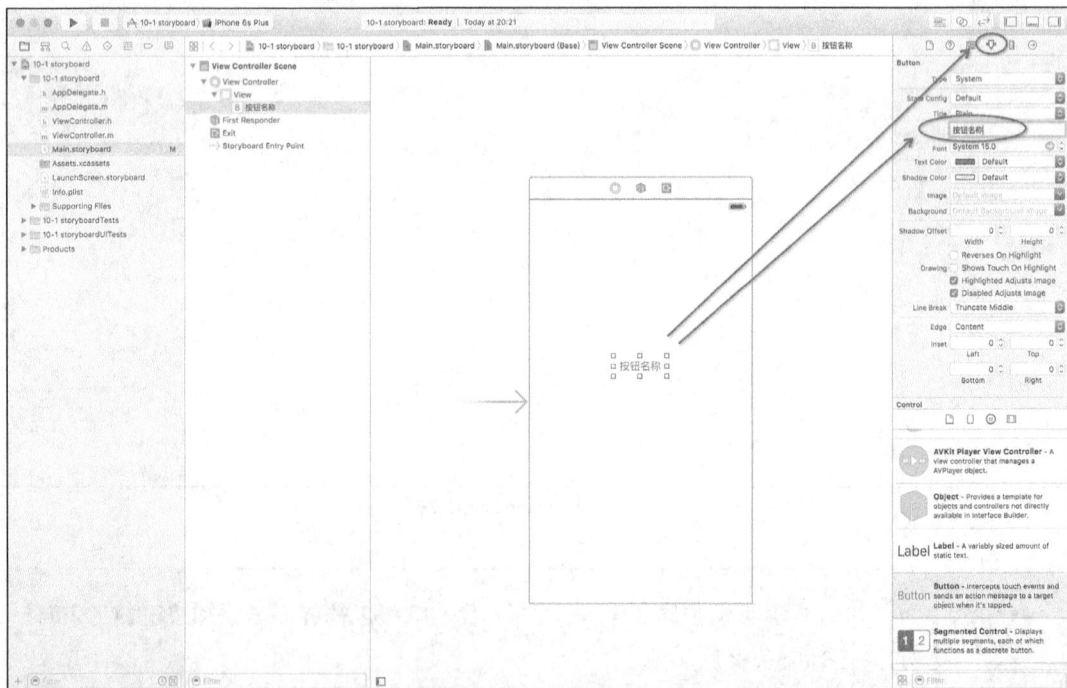

图 7-3　更改按钮的标题

　　右侧上部面板，6 个选项卡，有许多选项可以定制选择的控件的外观及各种属性，非常直观，设置也非常方便。其他控件的拖动也大同小异，详细见 7.2.2 节。

7.2.2　大小、位置等属性控制

右上选项卡选中一把尺子样式的选项卡，如图 7-4 所示。

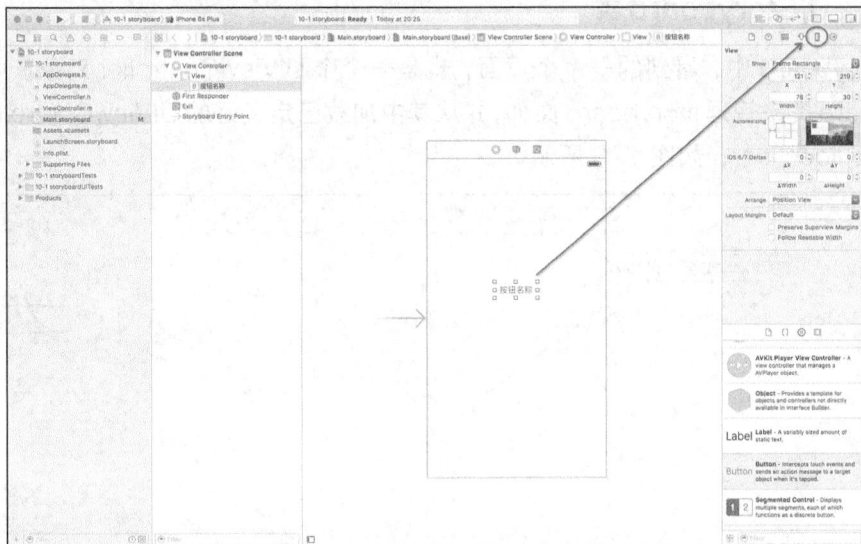

图 7-4　精确调整按钮大小和位置

此时可以看到右上面板中出现了大小位置的设置选项，可进行精确调整。

7.3　Storyboard 如何与代码配合

7.3.1　控件指定类

如果有自定义控件的话，可以将拖来的控件与自定义控件类进行绑定，如图 7-5 所示。

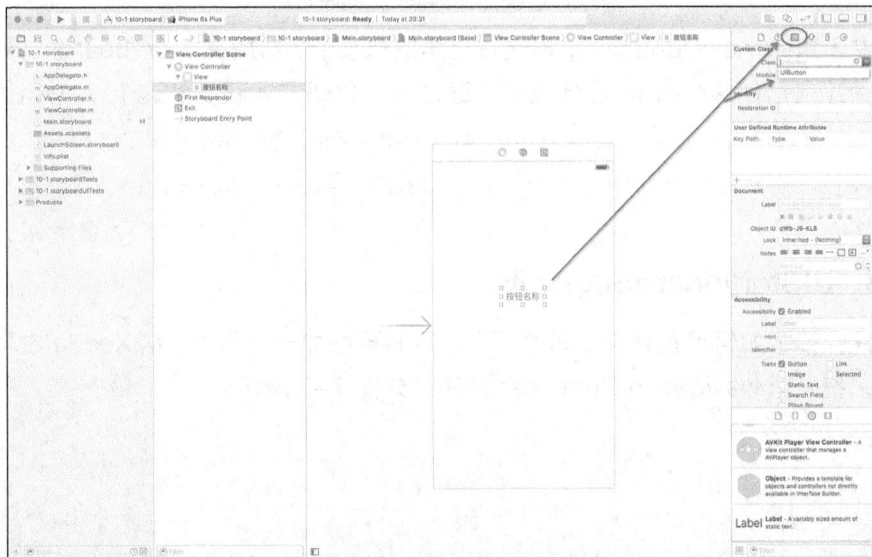

图 7-5　给按钮绑定代码文件

可见右上部分面板有一个 Class 的下拉框，如果有自定义 Button 类，在下拉列表中将能看到。

7.3.2　UIStoryboard 类

在 storyboard 中，看到的一个个页面，也是一个个 UIViewController 对象。可以使用 UIStoryboard 类来管理 storyboard 文件，并从其中加载已定义好的 UIViewController 对象，这需要用到 identifier，如图 7-6 所示。

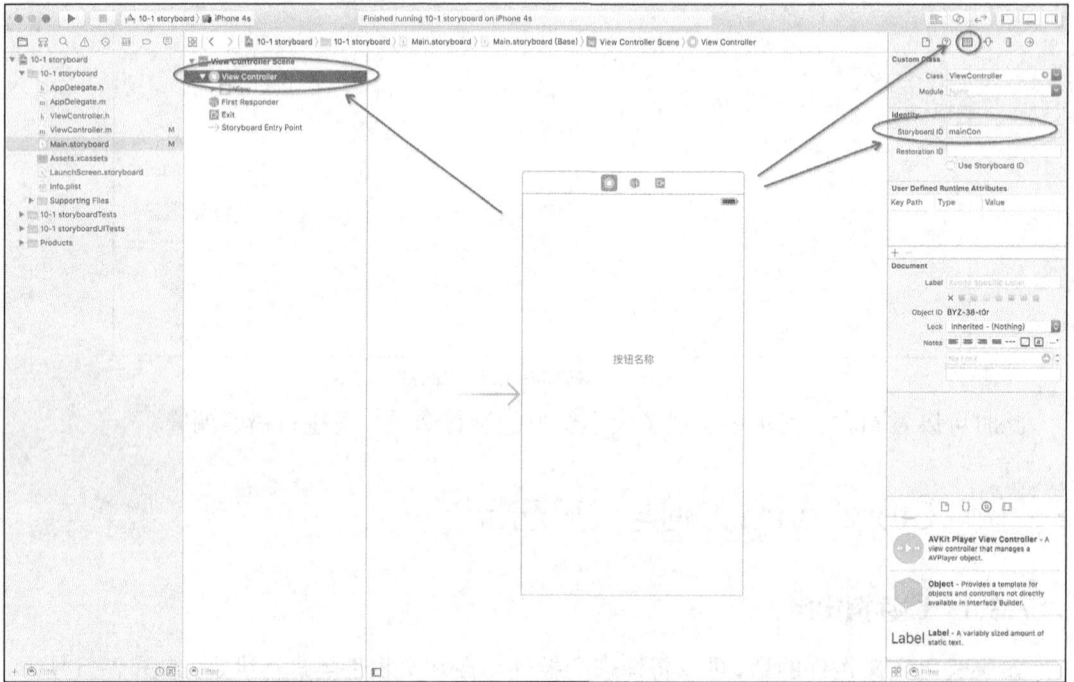

图 7-6　给 Controller 指定 Storyboard ID

先选左上角的 ViewController，再选右上角的选项卡，然后在 Storyboard ID 处填上一个 identifier（自己任意取名），在代码中可通过如下代码方式获取到这个 ViewController。

```
UIStoryboard *board=[UIStoryboard storyboardWithName:@"Main" bundle:nil];
ViewController *con = [board instantiateViewControllerWithIdentifier:"mainCon"];
```

7.3.3　UIStoryboardSegue 类

以上只介绍了如何可视化设计单个页面。下面再增加一个页面，从 Xcode 右下面板的控件库中，拖一个 Navigation Controller 出来，如图 7-7 所示。

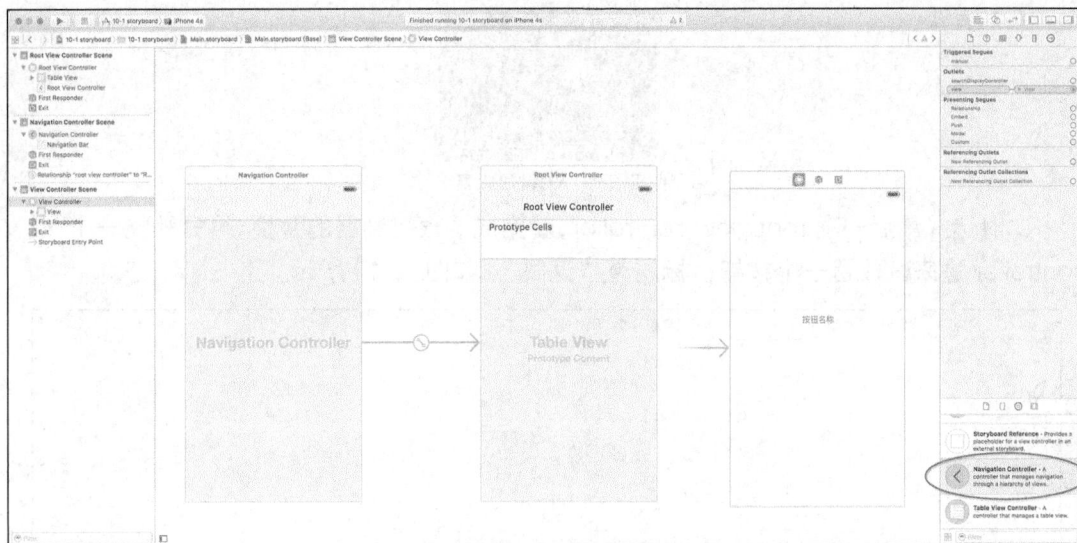

图 7-7　添加导航控制器（Navigation Controller）

可以看到，Navigation Controller 带有 2 个界面。左边是 NavigationController，右边的是它的 root view controller，之前讲过 UINavigationController，其控制器栈必须有一个根控制器。先选中根控制器，按 delete 键把自带的根控制器删除掉，替换成刚才设计的 view controller，如图 7-8 所示。

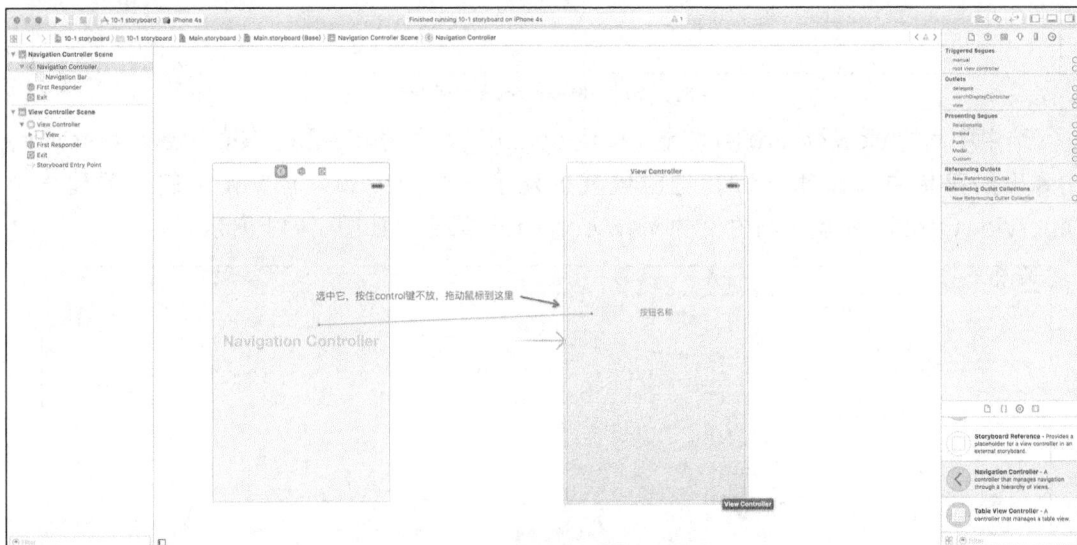

图 7-8　重设导航控制器的根控制器

先选中左侧的 navigation controller，然后按住 control 键不放，拖动鼠标到右侧 view controller，松开鼠标，此时会出现一个菜单，如图 7-9 所示。

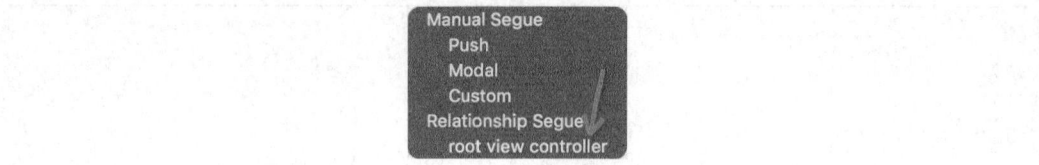

图 7-9　选择根控制器

此时选择最后一项 root view controller，就完成了根控制器的替换。再另外拖一个 view controller 进来，放置一个按钮，标题为"返回"，如图 7-10 所示。

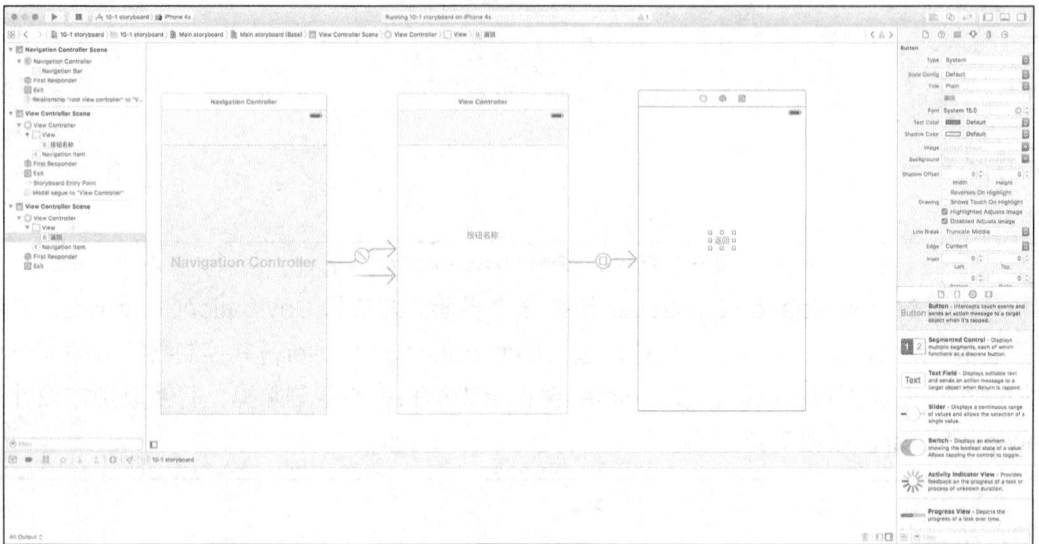

图 7-10　再拖一个 view controller

选中中间的 view controller 按钮，按住 control 键，拖动鼠标到右侧的 view controller，在弹出的菜单中选择 Modal，这时候就创建了一个 segue，也就是跳转。新建一个 OtherViewController 类，与右侧的 view controller 绑定，如图 7-11 所示。

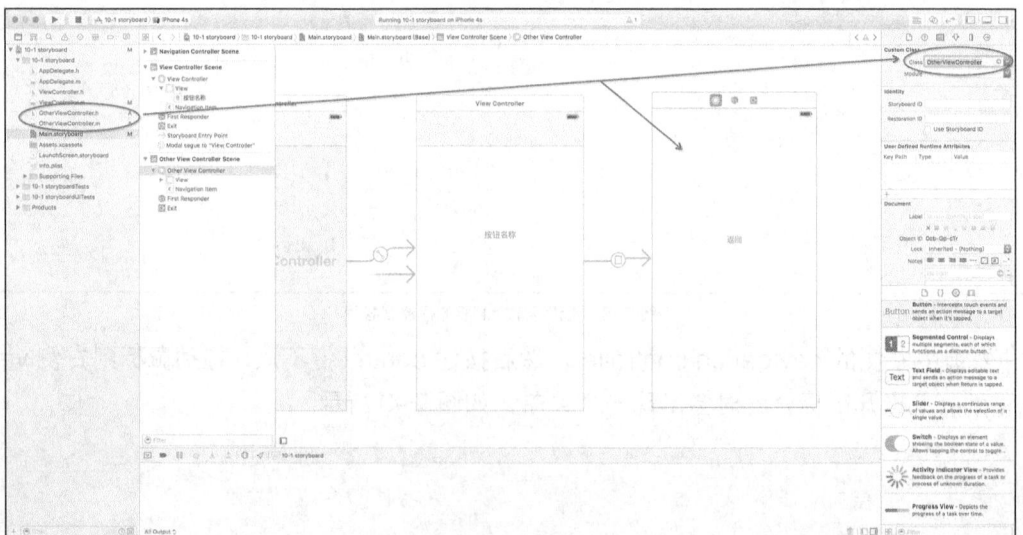

图 7-11　绑定 OtherViewController 类

回到 ViewController.m 的代码，添加以下方法。

```
- (void)prepareForSegue:(UIStoryboardSegue *)segue sender:(id)sender {
    // Get the new view controller using [segue destinationViewController].
    // Pass the selected object to the new view controller
    NSLog(@"跳转执行了这个方法：old");
}
```

此时按 Command+R 运行，单击按钮，就会看到 Xcode 下方的 NSLog 语句打印的内容，说明执行了这个方法，其中传进来了 UIStoryboardSegue 对象，也就是本节的主题。查看 UIStoryboardSegue 对象的定义，可以看到如下两个属性。

```
@property (nonatomic, readonly) __kindof UIViewController *sourceView
ontroller;
@property (nonatomic, readonly) __kindof UIViewController *destinationView
ontroller;
```

这两个 UIViewController 代表了本次跳转的源控制器和目标控制器，此时可以获取这两个控制器以传递数据等操作。

7.4　给控件绑定事件与实现跳转

需要说明的是，非 navigation controller 页面建立跳转时，不能选择 Push，否则会报错。因为只有 navigation controller 才能 Push。下面演示如何建立 Push：将 navigation controller 设置为 initial view controller，如图 7-12 所示。

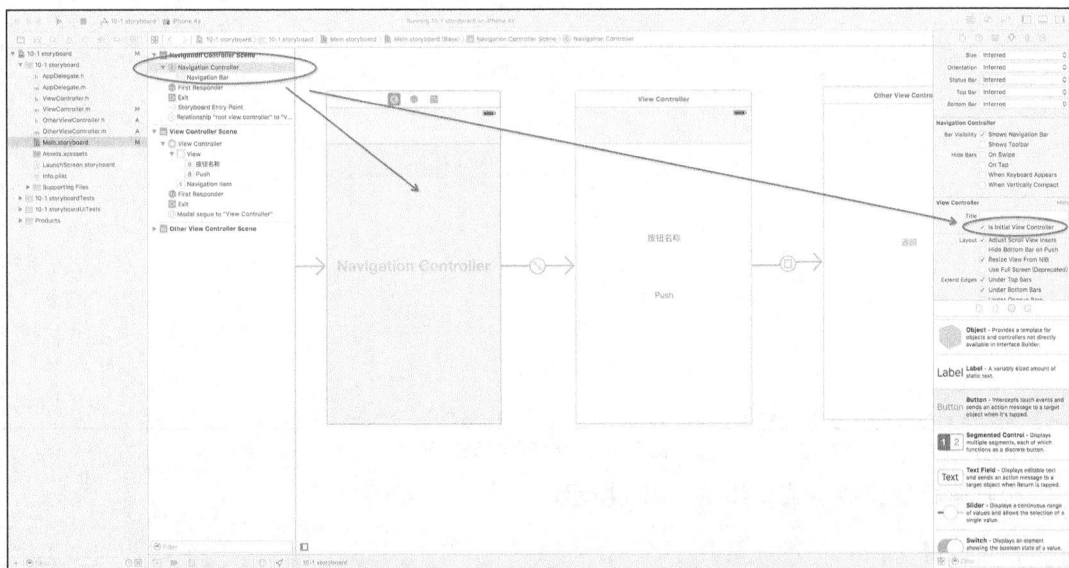

图 7-12　将导航控制器（navigation controller）设置为 initial view controller

再给中间的 view controller，同时也是根 view controller 增加一个按钮，标题为 Push，然后选择根控制器，再点右上角的双环按钮，如图 7-13 所示。

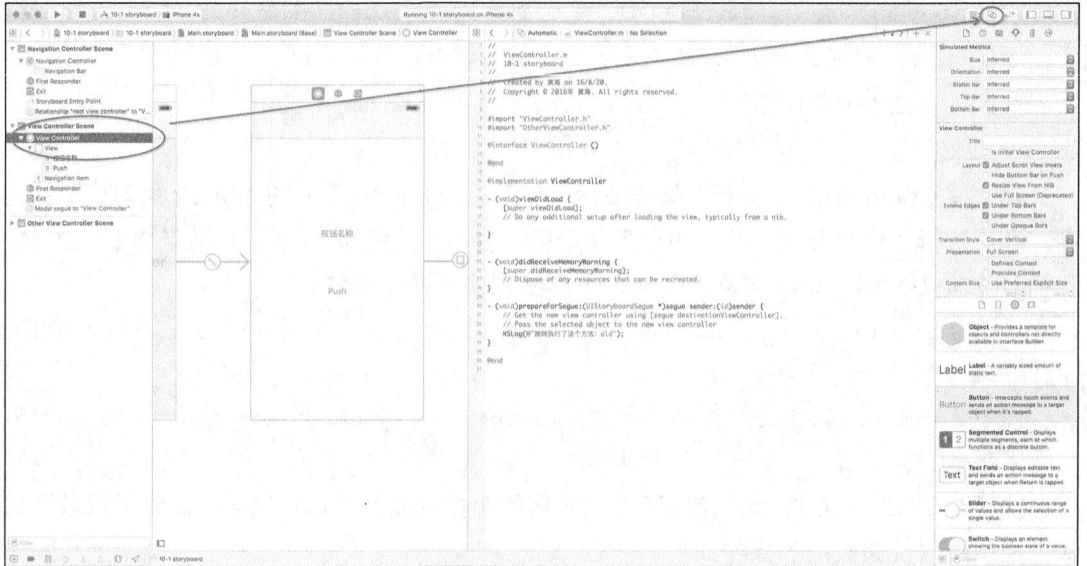

图 7-13　增加一个按钮

可以看到，页面右半部分出现了 ViewController.m 文件的代码。此时选中 Push 按钮，按住 control 键，拖动到代码中，如图 7-14 所示。

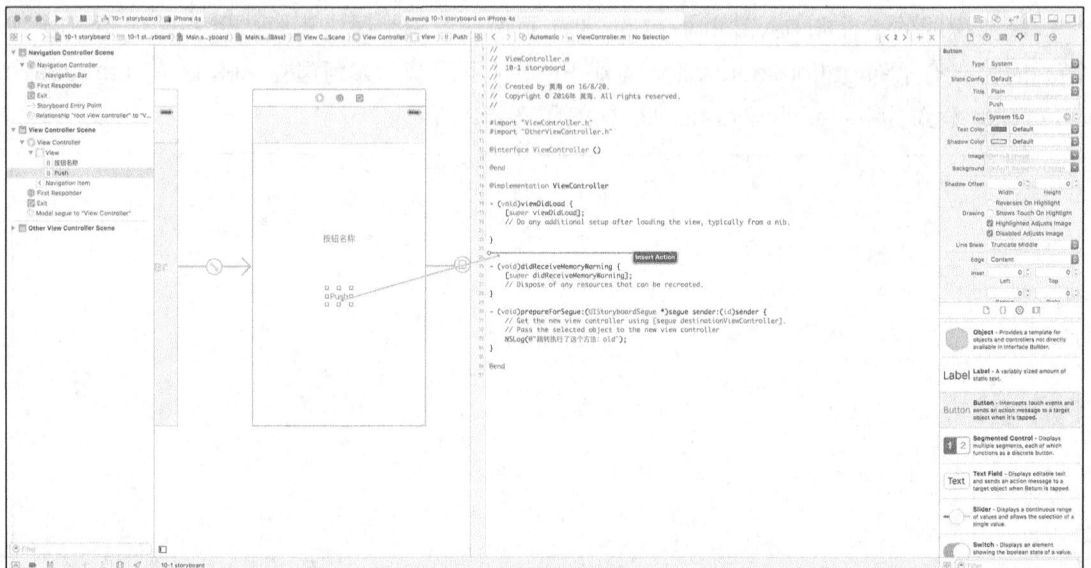

图 7-14　给按钮添加响应方法

松开鼠标后，显示菜单如图 7-15 所示。

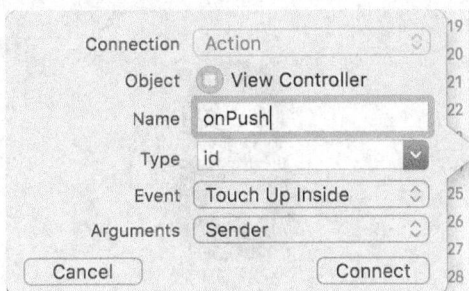

图 7-15　定义响应方法名以及响应的事件

这里就是定义事件响应方法了，起个名字 onPush，单击"Connect"按钮，就自动生成了 onPush 方法，编写代码如下。

```
- (IBAction)onPush:(id)sender {
    OtherViewController *con = [[OtherViewController alloc] init];
    [self.navigationController pushViewController:con animated:YES];
}
```

此时运行程序，按下 Push 按钮，即可实现跳转。

7.5　小结与作业

可以看到，用 storyboard 设计界面，非常直观和方便，但缺少了代码的灵活性。并且由于操作性很强，需要很多的练习以免忘记，不如代码可以保存并且直接复制就可使用。由于篇幅限制，本章不再赘述。

作业：

1. 用 Storyboard 建立 UITabBarController 并实现跳转。

2. 选择以前学过的一个项目，用 storyboard 设计并重新做过。

Development of iOS App

8 Chapter

第 8 章

提醒用户

本章有一个示例项目，将展示 4 个小节中所提及的内容。

8.1 警告框 UIAlertView

警告框是常用的控件，如图 8-1 所示。

图 8-1 警告框

警告框是一个模态对话框（Modal Dialog），此对话框将暂时中断其他操作，只能在该对话框中进行操作。常用来警告或提醒。产生警告框的代码都差不多，如下所示。

```
UIAlertController *alert = [UIAlertController alertControllerWithTitle:@"温馨提示" message:@"警告框展示" preferredStyle:UIAlertControllerStyleAlert];

    [alert addAction:[UIAlertAction actionWithTitle:@"取消" style:UIAlertActionStyleCancel handler:nil]];

    [alert addAction:[UIAlertAction actionWithTitle:@"确定" style:UIAlertActionStyleDestructive handler:^(UIAlertAction * _Nonnull action) {
        // 按下确定后的响应逻辑
    }]];


    [self presentViewController:alert animated:YES completion:nil];
```

警告框在 iOS 8 以前有专门的视图类，但从 iOS 8 开始，启用了这个全新的控制器类，之前的 UIAlertView 类遭到抛弃，将来不会再支持。UIAlertController 有 2 种式样，一种是警告框，一种是操作表，也是 8.2 节要提到的控件。

UIAlertController 在初始化后，可以自定义按钮的数量，用 addAction 方法即可，使用代码块来指定响应方法，比以前的 UIAlertView 的方式要简便，值得肯定。

另外，因为其是一个控制器，所以展现出来要用 presentViewController:animated:completion:方法。

8.2 操作表 UIActionSheet

操作表是从屏幕底端弹出来的一个菜单，如图 8-2 所示。

图 8-2 操作表

从 iOS 8 开始，操作表的制作与警告框一样，都是使用 UIAlertController，因其抽象后本质上与警告框类似，代码如下所示。

```
UIAlertController *alert = [UIAlertController alertControllerWithTitle:@"温馨提示" message:@"操作表" preferredStyle:UIAlertControllerStyleActionSheet];
    [alert addAction:[UIAlertAction actionWithTitle:@" 取 消 " style:UIAlertActionStyleCancel handler:nil]];
    [alert addAction:[UIAlertAction actionWithTitle:@" 确 定 " style:UIAlertActionStyleDestructive handler:^(UIAlertAction * _Nonnull action) {

    }]];

    [self presentViewController:alert animated:YES completion:nil];
```

仔细观察，会发现本段代码与 8.1 节的代码几乎完全一样。差别仅仅在于初始化时选择的 style，一个是 UIAlertControllerStyleAlert，另一个是 UIAlertControllerStyleActionSheet 而已。

与警告框一样，选中某项的响应方法，写在 addAction:style:handler:方法的 handler 参数的代码块里。这样在一个上下文里响应事件非常方便。

增加的每个 Action 都相当于操作表的一项，样式有 UIAlertActionStyleCancel，代表取消，单击后操作表即消失；UIAlertActionStyleDestructive，代表破坏性操作，会显示为红色；UIAlertActionStyleDefault，代表默认项，显示为黑色。

8.3 活动指示器 UIActivityIndicatorView

活动指示器如图 8-3 所示。

图 8-3 活动指示器，会转圈

这个控件很常见了，常用于某些时间较长的操作，比如通过网络获取数据等。这个控件使用起来非常简单，其头文件也不长，几个常用的属性如以下代码所示。

```
@property(nonatomic) BOOL
hidesWhenStopped;          // default is YES. calls -setHidden when animating
gets set to NO
- (void)startAnimating;
- (void)stopAnimating;
- (BOOL)isAnimating;
```

hidesWhenStopped 属性意思是当停止转圈时是否消失；其他 3 个方法，分别是启动动画，停止动画，判断是否正在动画。

具体使用，见随书示例项目 8-1。

8.4 进度条控件 UIProgressView

进度条控件如图 8-4 所示。

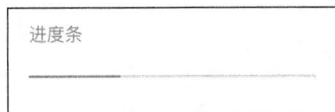

进度条

图 8-4 进度条

进度条控件的定义文件也非常简短，关键属性为 progress，代码如下所示：

```
@property(nonatomic) float progress;
```

只要给这个属性赋值，进度条就能显示到相应的位置。该属性取值范围为 0 ~ 1。

具体使用，见源代码示例项目 8-1。

8.5　小结与作业

　　iOS 提醒用户的方式多种多样，限于篇幅，本章只介绍了其中 4 种。一般情况下足够用了。警告框一般用以提示错误；操作表用以让用户选择操作；进度条和活动指示器多用于网络获取数据或者其他耗费时间不短的操作的提示，以免用户在等待操作结果完成前感到茫然无措。

　　作业：

　　将本书示例项目 8-1 的代码仔细阅读一遍，然后不看代码，自己写几次，务必掌握。

第 9 章

表视图之 UITableView

9.1 表视图概述

UITableView 是 iOS 开发中非常重要的一个视图类，常用来展示适合一行一行展示的内容。其名为表格（table），实际上是一种每行只有单独一列的特殊表格。在安卓的开发中，也有类似概念的视图类，为 ListView，但其功能和订制的方便性则远不如 iOS 的 UITableView。

在 iOS 开发中，限于屏幕大小，内容的呈现完全不同于桌面应用，有很多内容适合用 UITableView 来展示。如 iPhone 上的"设置"应用，就是一个典型的使用 UITableView 展示界面的 App，如图 9-1 所示。

图 9-1　iOS 的"设置"应用界面

iOS 上表视图的特点是宽度几乎占满全屏（iOS 7 之后就是屏幕宽度），而且每一行只有一列。每一行可单击导航到另一个视图，或者用以显示信息，或用以编辑数据。

9.1.1　表视图结构

表视图类即 UITableView，iOS 有一个专门展示表格视图的视图控制器类：UITableViewController，在简单的情况下，直接用此类制作表格，可省去不少工夫。

UITableView 的构成如图 9-2 所示。

图 9-2　UITableView 的构成

UITableView 由很多节（section）构成，每一节（section）有头有尾，中间由一个一个单元格（cell）构成。

9.1.2　相关类

1. UITableViewCell 类

该类定义了表格的每一行，因为只有单独一列，于是单元格就是一行。作为构成表格的基本单位，UITableViewCell 预置有 4 种样式，如果不够用，还可以自由定制，以表现苹果灵活而强大的 UITableView。

2. UITableViewController 类

和普适性的 UIViewController 相比，其默认包含了一个全屏显示的 UITableView，已经默认实现了若干方法，在覆写其方法时，要注意先调用父类的方法。

9.1.3　表视图种类

依据表格的分节是否紧挨在一起，表视图分为两种样式（style）。

1. 平面表（plain）

此表一般不分节（即只有一节），分节的话各节也是紧挨着的，比如 iOS 系统内置的记事本应用、通讯录列表等，如图 9-3 所示，对应的样式值是 UITableViewStylePlain。

图 9-3　iOS 通讯录

2. 分节表（group）

此表节之间隔开一定距离。比如 iOS 系统的设置程序，就是典型的分节的表，如图 9-1 和图 9-2 所示，对应的样式值是 UITableViewStyleGroup。

UITableView 类对象在初始化时有专门的初始化方法指定其样式值（style）。使用 UITableViewController 类的话，也可以在初始化 UITableViewController 时指定表的种类，代码如下。

```
UITableView *tv = [[UITableView alloc] initWithFrame:CGRectMake(0, 0, 320,
480) style:UITableViewStylePlain];
```

或者如以下代码。

```
UITableViewController *vc = [[UITableViewController alloc] initWithStyle:
UITableViewStyleGrouped];
```

9.1.4　单元格样式与定制

UITableViewCell 系统预定义有 4 种样式。在 SDK 3.0 之后，每个单元格都有 3 个属性：textLabel、detailTextLabel 和 imageView。

下面一一介绍这 4 种基本样式。

1. UITableViewCellStyleDefault

该样式提供了一个简单的左对齐的文本标签 textLabel 和一个可选的图像 imageView。如果显示图像，那么图像将在最左边。

这种样式虽然可以设置 detailTextLabel，但是不会显示该标签。

2.　UITableViewCellStyleSubtitle

该样式与前一种相比，增加了对 detailTextLabel 的支持，该标签将会显示在 textLabel 标签的下面，字体相对较小。

3.　UITableViewCellStyleValue1

该样式居左显示 textLabel，居右显示 detailTextLabel，且字体较小。该样式不支持图像。

4.　UITableViewCellStyleValue2

该样式居左显示一个小型蓝色主标签 textLabel，在其右边显示一个小型黑色副标题详细标签 detailTextLabel。该样式不支持图像。

如果以上 4 种样式不能符合需要，则需要自己定制，方法是编写 UITableViewCell 类的子类，在子类中定义需要的子视图。例如，一般的应用都会有一个设置界面，设置界面是个典型的表格视图，有很多不同类型的单元格，比如开关、滑动条、多项选择之类的，就必须要自己定义了。下面展示一个例子，如何定制有开关控件的单元格，代码如下。

```objc
// [文件：booCell.h]
//编写 boolCell 以定制 UITableViewCell
@interface boolCell : UITableViewCell
@property (strong,nonatomic) UISwitch *ok; //添加一个开关控件
@end


// [文件：boolCell.m]
#import "boolCell.h"


@implementation boolCell


-(instancetype)initWithStyle:(UITableViewCellStyle)style
reuseIdentifier:(NSString *)reuseIdentifier
{
    self = [super initWithStyle:style reuseIdentifier:reuseIdentifier];
    _ok = [[UISwitch alloc] init]; //初始化开关控件
    [_ok sizeToFit]; //自动调整控件大小
    [_ok  addTarget:self  action:@selector(onChange:)  forControlEvents:
UIControlEventValueChanged]; //给开关控件指定事件响应方法
    self.accessoryView = _ok; // 赋值给 accessoryView 属性，即将此开关控件定位于单
元格的右侧标准位置。
    return self;
}
@end
```

这个例子很简单，省略了许多内容。在实际应用中，还要考虑许多方面的内容，比如开关控件的事件响应程序，该写在哪个类里？如果要做成通用的类，那响应程序就不能写在该类中，应该通过定义一个协议或者使用代码块的方式留给外部类来指定事件响应代码。

9.1.5 表视图协议

这是 iOS 表格编程最具有特色的地方，我们通过实现表视图数据源协议（UITableViewDataSource 协议）的几个关键方法来显示表视图，通过实现表视图代理协议（UITableViewDelegate 协议）的几个方法来实现表视图的事件处理以及改变外观表现等功能。表视图总共有两个协议，分别如下。

1. UITableViewDataSource 协议

即表格数据源协议。可以在 Xcode 中输入该协议名，单击右键，选择"Jump to Definition"，即可看到该协议的完整定义。该协议指定了表格要展示的数据，至少需要实现两个方法，代码如下：

```
@protocol UITableViewDataSource <NSObject>
@required
// [方法1] 必须实现
-  (NSInteger)tableView:(UITableView  *)tableView  numberOfRowsInSection:
(NSInteger)section; // 该方法指定表格某一节有几行，如果未指定有几个节，则默认只有1节


// [方法2] 必须实现
- (UITableViewCell *)tableView:(UITableView *)tableView cellForRowAtIndex
Path:(NSIndexPath *)indexPath; // 该方法指定每个单元格的内容
// 其他可选方法，用以定制表格其他内容
@optional
... //省略...
```

其中 NSIndexPath 类表示某单元格在表格中所处的位置，在这一章的内容中只用到其两个属性，分别为 section 和 row，section 属性描述了单元格在表格的第几节，row 属性描述了单元格在该节的第几行。可以方便地定义一个 indexPath，代码如下：

```
NSIndexPath *ip = [NSIndexPath indexPathForRow:2 inSection:3];
```

indexPath 非常重要，tableView 几乎所有的方法都会用到它。

2. UITableViewDelegate 协议

即表格代理协议。该协议主要用来处理表格的除数据源以外的各种定制以及事件处理。其包含的方法都是可选的，可以一个都不实现，其具体内容留作后面详细介绍。

9.2　项目制作——第一个表视图项目

9.2.1　建立项目

打开 Xcode，新建 iOS 项目，选择 iOS->Application->Single View Applications 模版，如图 9-4 至图 9-6 所示。

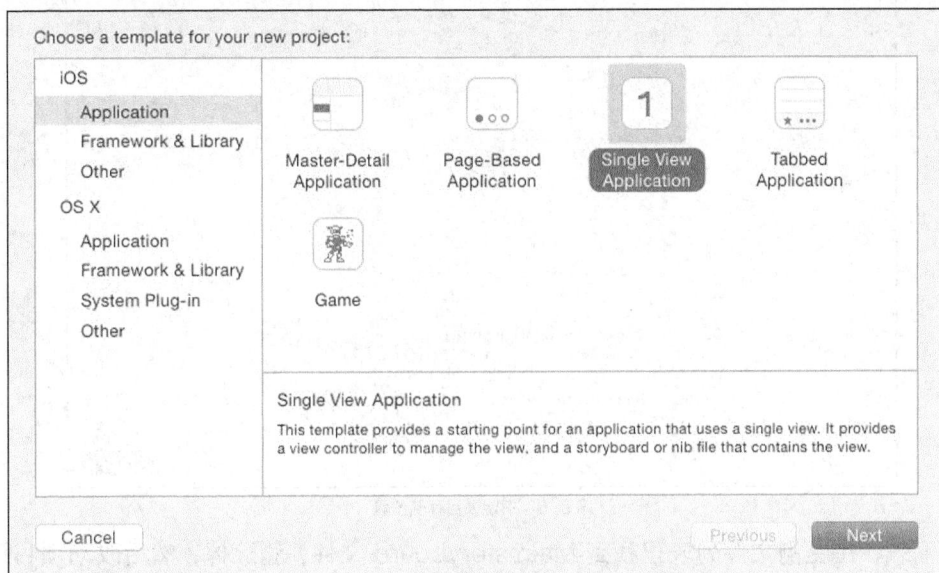

图 9-4　新建项目

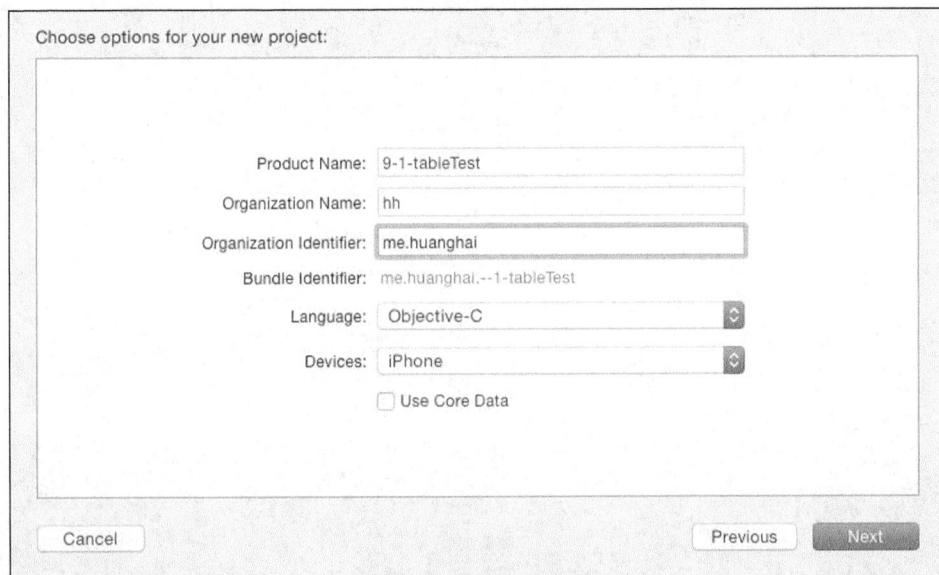

图 9-5　指定项目名及标识

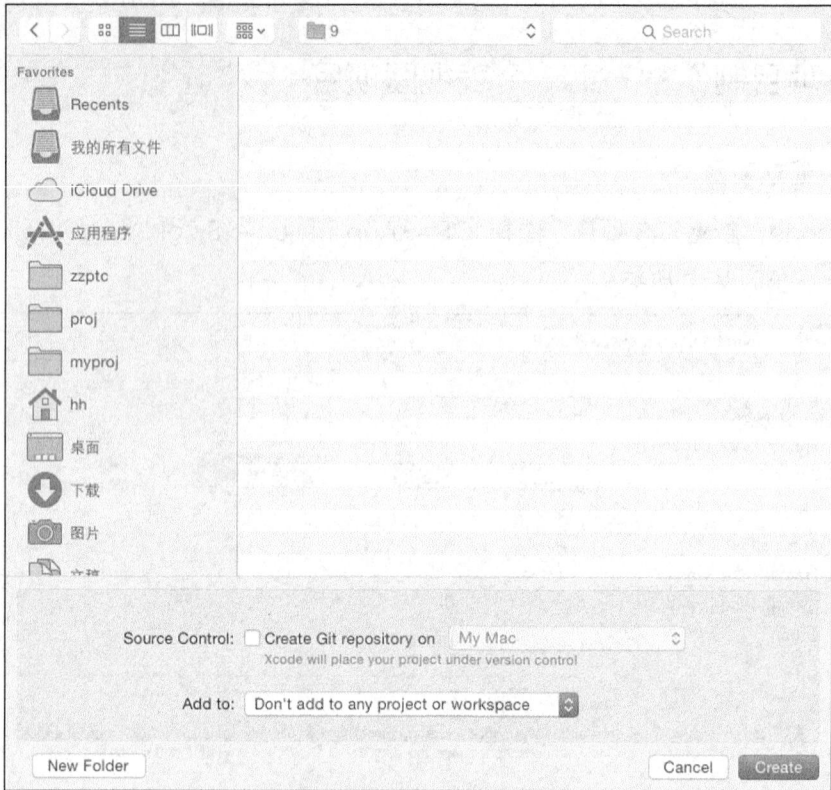

图 9-6　指定项目存储位置

接下来，在左侧文件列表里找到 Main.storyboard 文件，删除掉，然后改动项目设置，如图 9-7 所示。

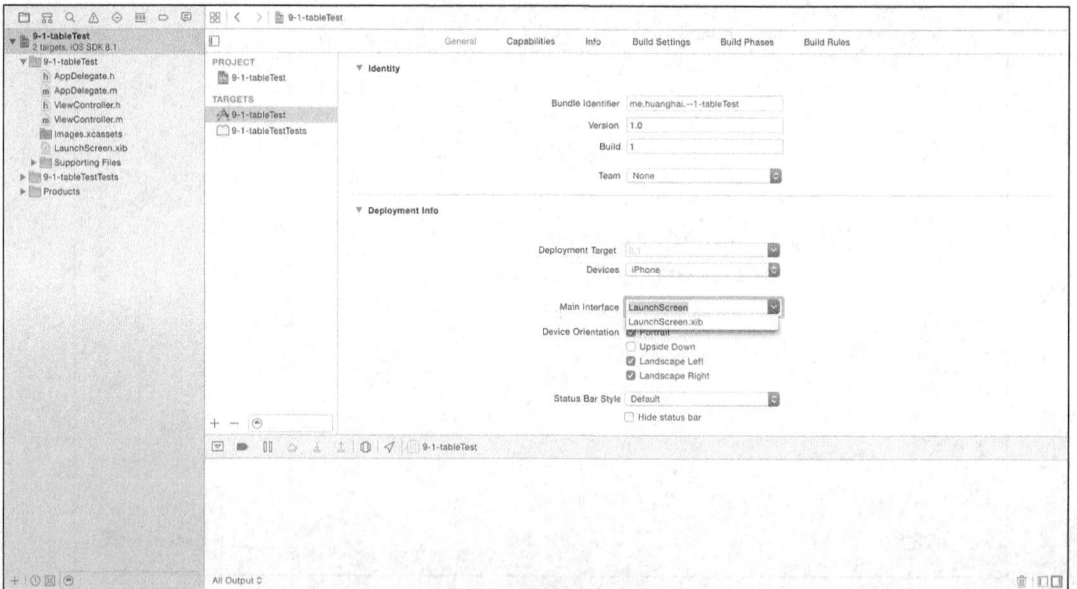

图 9-7　改动项目设置

将其中的 Main interface 下拉列表中选成 LaunchScreen。这么做的原因是，刚开始学的时候尽量用纯代码来做，这样比较容易掌握 iOS 开发的内部逻辑和脉络，等熟悉了再使用 storyboard 和 xib 等可视化工具。

接着，修改 AppDelegate.m 文件，先引入一个头文件，代码如下。

```
#import "ViewController.h"
```

接着修改这个方法的内容，加入一些代码如下。

```
- (BOOL)Application:(U IApplication *)Application didFinishLaunchingWith
Options:(NSDictionary *)launchOptions {
    self.window = [[UIWindow alloc] initWithFrame:[[UIScreen mainScreen]
bounds]]; // 将 UIWindow 类对象定义好
    ViewController *vc = [[ViewController alloc] init]; // 创建主视图窗口类
    self.window.rootViewController = [[UINavigationController alloc] init
WithRootViewController:vc]; // 指定应用主窗口的根视图控制器对象，这里用 UINavigation
Controller 对象将上面定义好的主视图窗口类包装了一下。
    [self.window makeKeyAndVisible]; // makeKeyAndVisible 是一个关键方法，用来
显示主视图
    return YES;
}
```

在 Xcode 左上角选择运行的模拟器（这里选择的是 iPhone 5），按 command+R 开始运行，得到一个这样的界面，如图 9-8 所示。

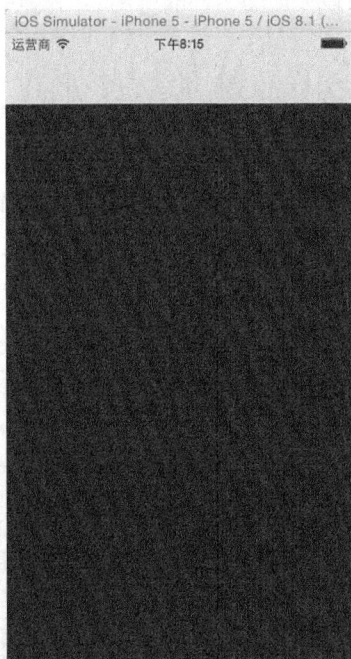

图9-8　第一次运行结果

上面灰色的部分就是 UINavigationController 生成的导航条，下面黑乎乎的界面就是
ViewController 生成的视图，因为什么都没做，所以显示全黑。

9.2.2　准备数据

在 ViewController.m 文件中，修改最上面的类扩展，代码如下。

```
@interface ViewController ()
{
    NSArray *data;
}
@end
```

在此定义一个类私有变量，用来存储表格数据，并能在类中任意方法中访问。

修改 ViewDidLoad 方法，代码如下。

```
- (void)viewDidLoad {
    [super viewDidLoad];
    self.title = @"第一个表格示例"; // title 显示在图 9-8 上部灰色部分的中间，为表格
标题
    data = @[
            @"张三",
            @"李四",
            @"王五",
            @"最后一行"
            ];
}
```

给 data 赋值用了便利法，即@表示法。

在 ViewController.h 文件中，将 ViewController 的父类修改一下，代码如下：

```
@interface ViewController : UITableViewController
```

那么，UITableViewController 是个什么样的控制器类呢？查看一下 UITableView
Controller 的定义，代码如下。

```
NS_CLASS_AVAILABLE_IOS(2_0)  @interface  UITableViewController  :  UIView
Controller <UITableViewDelegate, UITableViewDataSource>
    ...
@end
```

原来 UITableViewController 是 UIViewController 的子类,而且实现了 2 个表格相关协
议。这个 NS_CLASS_AVAILABLE_IOS(2_0)意思是该类是自 iOS 2.0 开始才支持的。这里
要说明的是，像 UITableView 这样配有控制器类的视图类其实是不多的，不是所有的视图

类都有相应的控制器类。

然后回到 AppDelegate.m 文件中，找到代码。

```
ViewController *vc = [[ViewController alloc] init];
```

将其修改为如下代码。

```
ViewController *vc = [[ViewController alloc] initWithStyle:UITableView
StylePlain];
```

这样修改的目的是直接使用 UITableViewController，同时使用其便利的初始化方法直接指定表格的样式值，这里指定为平面表样式。

9.2.3 实现表视图协议

回到 ViewController.m 文件中，接着实现表格视图数据源协议至少要实现的两个方法，代码如下。

```
// ［方法1］ 指定行数
-(NSInteger)tableView:(UITableView *)tableView numberOfRowsInSection:(NSInteger)section
{
    return data.count; //返回数组的元素数即可
}


// ［方法2］ 指定每一行的单元格
-(UITableViewCell *)tableView:(UITableView *)tableView cellForRowAtIndexPath:(NSIndexPath *)indexPath
{
    static NSString *reuse = @"cells"; //定义 cell 可重用标识
    UITableViewCell *cell = [tableView dequeueReusableCellWithIdentifier:reuse]; //从 cell 池中获取回收的 cell
    if (cell == nil) { //如果没有获取到，就创建一个
        cell = [[UITableViewCell alloc] initWithStyle:UITableViewCellStyleDefault reuseIdentifier:reuse];
    }
    cell.textLabel.text = data[indexPath.row]; // 让单元格显示数组的内容
    return cell;
}
```

这里第一个方法是问表格有几行（默认只有一节），返回 data.count 即可，第二个方法比较复杂，因为 iPhone 屏幕大小有限，表格再大，显示出来的也不过 10 行左右，因此不显示的部分没有必要常驻内存，就被释放掉了。iOS 系统维护了一个 cell 池，池子里大约有 10 几个 UITableViewCell 对象，当某一个 cell 因为滑动消失不见后，该 cell 就被回收到这个 cell 池里，然后另外一个新出现的 cell，便直接从 cell 池里获取再利用。这里先对 tableView 对象调用 dequeueReusableCellWithIdentifier 方法就是先尝试在池中获取一个 cell，当然要指定一个可重用的标志符，因为应用中可能有多个不同的 tableView，其对应的 cell 也不同，所以要区分开来。如果获取到的 cell 是 nil，说明 cell 池是空的，这时需要手动创建一个 cell。

创建或获取好 cell 后，其属性 textLabel 是左侧显示的文本标签，直接从 data 数组中赋值即可。这里使用了行号 indexPath.row。

到这里实际上就可以了，按 Command + R 运行，得到以下的界面，如图 9-9 所示。

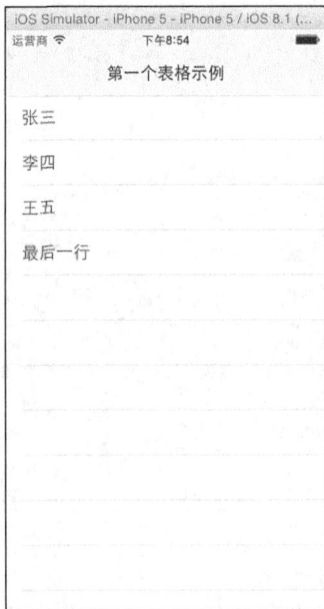

图 9-9　第一个表格示例

9.3　分节表

9.3.1　分节表概述

iOS 系统内置的"设置"应用，就是一个典型的分节表。节与节之间分开一定的距离，看起来就是一节一节的感觉。多节表需要指定每个节的数据，以及根据需要指定某些节的节头与节尾的文字以做说明，如图 9-10 所示。

图 9-10　分节表示例

9.3.2　项目制作——简单通讯录制作

通讯录为了查找方便，会按照首字母排序好。因此可以把通讯录的内容根据 26 个英文字母相应分成 26 个节（section），每节的节头即为某字母，内容为某字母开头的姓名。本节从上一节的代码基础上进行修改来做分节表。

首先，要修改数据结构，将 data 做成二维数组。

在 ViewController.m 文件中，先增加一个数组 header 用以存储节头，代码如下。

```
@interface ViewController ()
{
    NSArray *data;
    NSArray *header;  // 新增变量
}
@end
```

接着修改 viewDidLoad 方法，代码如下。

```
- (void)viewDidLoad {
    [super viewDidLoad]; // 先调用父类方法
    self.title = @"通讯录示例";
    data = @[  //将 data 改造成二维数组
            @[@"陈敏",@"陈欢",@"陈晓"],
            @[@"马丽",@"马传奇",@"木乐"],
```

```
               @[@"易阳"],
               @[@"张三",@"朱元璋"]
               ];
      header = @[
               @"C", @"M", @"Y", @"Z"
               ];
}
```

增加一个数据源协议方法，用来返回总的节（section）数，代码如下。

```
-(NSInteger)numberOfSectionsInTableView:(UITableView *)tableView
{ // 这里返回 header.count 也是可以的
    return data.count;
}
```

修改原有的两个数据源协议方法，代码如下。

```
// [方法1]
-(NSInteger)tableView:(UITableView *)tableView numberOfRowsInSection: (NS
Integer)section
{
    return [data[section] count]; //返回每一节的行数
}


// [方法2]
-(UITableViewCell *)tableView:(UITableView *)tableView cellForRowAtIndex
Path:(NSIndexPath *)indexPath
{
    static NSString *reuse = @"cells";
    UITableViewCell *cell = [tableView dequeueReusableCellWithIdentifier:
reuse];
    if (cell == nil) {
        cell = [[UITableViewCell alloc] initWithStyle:UITableViewCellSt
yleDefault reuseIdentifier:reuse];
    }
    cell.textLabel.text = data[indexPath.section][indexPath.row]; // 根据
section 和 row 值从二维数组 data 中取值
    return cell;
}
```

这里第二个方法对文本标签的赋值改成了对 data 这个二维数组取值，其他地方不用动，这里要注意。

然后再增加一个表格协议方法，用以指定各节的节头，代码如下。

```
-(NSString *)tableView:(UITableView *)tableView titleForHeaderInSection:
(NSInteger)section
{
    return header[section];
}
```

iOS 的方法名都比较冗长，冗长有冗长的好处，一望便知填何参数，坏处就是自己输入太麻烦且极易出错。所以这里要利用智能感知帮助补全，只需先输入方法的返回值类型，再输入 table 就有长长一串智能提示了，如果没有提示出来，或者提示不对，一定是输入有错误。这里的几个关键方法，一定要记住返回值类型，这样输入方法就事半功倍，不用总是去查书了。

接下来，按 command + R 运行查看结果，如图 9-11 所示。

图 9-11 通讯录示例

已经有了 iOS 应用的样子了。

9.3.3 建立表索引

iOS 的通讯录右侧有一个竖状很窄的索引列，在其上滑动即可帮助定位到索引所指向的节，非常方便。下面就开始做这个索引。

在 ViewController.m 文件中，需要实现两个表格协议方法，代码如下。

```objectivec
//  [方法1]  定义右侧索引显示的内容
-(NSArray *)sectionIndexTitlesForTableView:(UITableView *)tableView
{
    NSMutableArray *toBeReturned = [[NSMutableArray alloc]init];
// 这一行是为了在索引上加个小放大镜图标
[toBeReturned addObject:UITableViewIndexSearch];
    for(char c = 'A'; c<='Z'; c++)
        [toBeReturned addObject:[NSString stringWithFormat:@"%c",c]];
    return toBeReturned;
}


//  [方法2]  定义索引与节的关系
-(NSInteger)tableView:(UITableView *)tableView sectionForSectionIndexTitle:
(NSString *)title atIndex:(NSInteger)index
{
    NSInteger count = 0;
    for(NSString *character in header)
    {
        if([character isEqualToString:title]){
            return count;
        }
        count++;
    }
    return 0;
}
```

这里第一个方法，用以实现一个全 26 个字母的索引。第二个方法的意思是当触摸到某个索引时，根据这个索引来定位到索引对应的节，如果没有节对应，就滑动到第一个节。

这里也有一个偷懒的办法，既然只有不到 10 个节，在第一个方法中，其实可以直接返回 header，然后第二个方法不用写，也可以实现索引的功能，可以动手自己体验一下。

添加完这两个方法，继续按 command+R，看运行结果，如图 9-12 所示。

图 9-12　显示索引

9.4　搜索栏制作

　　如果表格的内容太多了，以至于要滑动到底部就非常麻烦，要找到某个内容也要滑半天，这时给表格增加一个搜索框就很有必要了。

9.4.1　UISearchBar 和 UISearchController

　　搜索框一般放置于表格的表头位置，如图 9-13 所示。

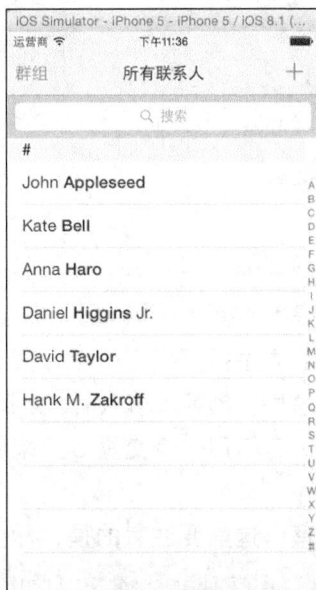

图 9-13　搜索框

对应搜索框的视图类为 UISearchBar。可以直接使用它。与其配套的还有一个控制器类：UISearchController。这个类是 iOS7 以后才引入的，iOS6 以及之前的版本用的都是 UISearchDisplayController，不过这个类自 iOS7 起就被废弃了，因此这里只介绍 UISearchController。

UISearchController 类主要用以管理 UISearchBar 的事件处理，比如实现搜索算法之类的。与搜索事件响应配套的有一个协议，名为 UISearchResultsUpdating，该协议只有一个方法，并且必须实现，即搜索框输入事件的处理。

UISearchController 能使得搜索状态的激活与否有漂亮的过渡动画，这也是其意义之一。

继续修改之前的代码，在 ViewController.m 中，增加私有变量，代码如下。

```
@interface ViewController () <UISearchResultsUpdating> //添加实现的协议。重要!
{
    NSArray *data;
    NSArray *dataBackup;
    NSArray *header;
    UISearchBar *bar;
    UISearchController *searchCon;
}
@end
```

带下划线的为新增私有变量。一共增加了 3 个变量，dataBackup 用来备份数据，另外两个则与搜索框有关。

接下来给 viewDidLoad 方法最后增加几行，代码如下。

```
    dataBackup = data;
    searchCon = [[UISearchController alloc] initWithSearchResultsController:
nil];
    bar = searchCon.searchBar;
    [bar sizeToFit];
    searchCon.searchResultsUpdater = self; //指定搜索事件代理
    self.tableView.tableHeaderView = bar; //将搜索框作为表格的表头
```

初始化 UISearchController 的方法需要指定一个搜索结果展示控制器，可以另外写一个视图控制器然后实例化后填到这里，也可以填入 nil 表示就用现在展示数据的 tableView 上展示搜索结果。这里为了方便，专门用一个变量 bar 来保存对 UISearchController 内部的 UISearchBar 的引用。

然后是指定搜索事件响应代理，这里要注意的是，需要修改类定义，代码如下。

```
@interface ViewController () <UISearchResultsUpdating>
```

加入一个遵循这个搜索协议的声明。这里是直接在类扩展定义中修改了，也可以在头文件中修改，这个无妨。

最后一句给 tableHeaderView 属性的赋值使得搜索框作为表视图的表头而出现。这里会有个瑕疵，之前做的索引会把搜索框往左边挤出去一点空间，怎么解决这个问题，留作思考。

下面是搜索事件响应方法的实现，代码如下。

```
-(void)updateSearchResultsForSearchController:(UISearchController
*)searchController
{
    NSMutableArray *array = [NSMutableArray new];
    for (NSArray *arr in dataBackup) {
        for (NSString *name in arr) {
            if ([bar.text isEqualToString:@""] || [name containsString:bar.
text]) {
                [array addObject:name];
            }
        }
    }
    data = array; //将搜索的匹配结果赋值给 data，data 变为一维数组
    if (!searchCon.isActive) { //搜索框是否处在激活状态？
        data = dataBackup; //恢复 data 的初始数据
    }
    [self.tableView reloadData]; // 刷新表格显示
}
```

containsString 是 iOS8 才新增的方法，需注意，如果版本低了，就必须用别的方法或者自己实现该方法。

这里要解释的是，二重循环是对作为数据源的二维数组 dataBackup 进行遍历，看是否包含搜索词。当然如果搜索词为空也认为匹配，不过通过这样的操作，搜索词为空的情况下，会使得 data 由二维数组降为一维数组，会引发一系列的问题，需要修改后续一系列的方法。

在搜索框失去焦点时这个方法也会被触发，因此判断一下 searchCon 是否处在激活状态，如果处于未激活状态，需要让 data 恢复到二维数组的最初状态。

因为搜索结果展示的是一维数组，而非搜索状态下展示的是二维数组，因此在刷新 tableView 时需要判断，需要修改之前实现的 2 个方法，代码如下。

```
// [方法1]
-(NSInteger)numberOfSectionsInTableView:(UITableView *)tableView
{
    if (searchCon.isActive) { //判断是否在搜索状态
        return 1;
    }else{
        return data.count;
    }
}


// [方法2]
-(NSInteger)tableView:(UITableView *)tableView numberOfRowsInSection: (NSInteger)section
{
    if (searchCon.isActive) { //判断是否搜索状态
        return data.count;
    }else{
        return [data[section] count];
    }
}
```

然后在 cellForRowAtIndexPath 方法中，修改最后几条语句，代码如下。

```
    if (searchCon.isActive) {
        cell.textLabel.text = data[indexPath.row];
    }else{
        cell.textLabel.text = data[indexPath.section][indexPath.row];
    }
return cell;
```

当然不要忘记了还有这个方法，代码如下。

```
-(NSString *)tableView:(UITableView *)tableView titleForHeaderInSection:(NSInteger)section
{
    if (searchCon.isActive) {
        return nil;
```

```
    }else{
        return header[section];
    }
}
```

因为数据展示和搜索结果展示共用一个 tableView，因此多了这些麻烦，需要在很多数据源协议的方法中判断 searchCon 是否处在激活状态。

接下来，按 command + R 运行看结果，如图 9-14 所示。

图 9-14　搜索框功能实现

已经完全可以使用了。

有关 UISearchBar 和 UISearchController 更多的内容，可以在其类名上按下 Command 键后单击或者右键选择 "Jump to Definition"，则可以跳到该类的头文件，可以查看其详细定义，或者通过帮助文档查看，再或者通过百度或必应（http://www.bing.com）搜索。

9.4.2　NSPredicate 使用

上一节通过搜索词过滤数据使用的是简单的匹配法，简单情况可以对付，但复杂的情况就不灵活了。还好苹果提供了 NSPredicate 类，通过这个类，可以用另外一套语言来描述搜索词匹配的规则，正则表达式也支持，由此匹配功能得到极大的增强。可惜这些描述语言本身也难学，有关 NSPredicate 的学习几乎都可以另外写本书了，因此这里只是稍做介绍，列一个简单的例子，代码如下。

```
NSPredicate *preicate = [NSPredicate predicateWithFormat:@"SELF CONTAINS[c]
'%@'", bar.text];
    searchResultArray = [NSMutableArray arrayWithArray:[data filteredArrayUsing
Predicate:predicate]];
```

在这里，循环都免了，NSArray 使用 NSPredicate 来过滤自己。

SELF CONTAINS[c] '%@' 的意思则比较费解，这是一种描述语言，意思是检查自己是否包含有%@所代表的字符串，[c]表示忽略大小写。

通过这个类，代码极度简化了，只要专注于匹配描述语言即可。当然代价就是性能会稍差一些。

9.5 表的增删改

这一节涉及另一个主题。一般表格可以用来展示数据，之前做到了展示以及查询，现在关注表格的数据改动。

UITableView 的数据源改动后，需要重新装载才能显示改动的结果，一般要调用以下 3 个方法之一（都是 UITableView 的方法），代码如下：

```
// [方法1]  重载整个表格
- (void)reloadData;


// [方法2]  重载若干节 iOS 3.0 以后才支持
- (void)reloadSections:(NSIndexSet *)sections withRowAnimation:(UITableView
RowAnimation)animation NS_AVAILABLE_IOS(3_0);


// [方法3]  重载若干行 (用 indexPath 数组指定这些行)，iOS 3.0 以后才支持
-  (void)reloadRowsAtIndexPaths:(NSArray  *)indexPaths  withRowAnimation:
(UITableViewRowAnimation)animation NS_AVAILABLE_IOS(3_0);
```

这 3 个方法定义都是从 UITableView 类的头文件中原样复制过来的，也可以自己在 Xcode 的代码文件里手动输入 UITableView，然后按 Command 键后单击它或者在其上点右键然后选择 "Jump to Definition"，就可以跳到这个类的头文件直接查看它的定义了。这样的技巧是值得掌握的，不要觉得好像它的头文件很复杂难懂，实际上有时候查看它可以很方便地知道这个类暴露的所有方法，比看文档要方便，平时没事可以捣鼓几个自己没用过的方法，慢慢地就提高了自己的水平。

这 3 个方法：

方法 1 reloadData 重载整个表格；

方法 2 reloadSections 重载指定的若干节（section）；

方法 3 reloadRowsAtIndexPaths 范围更小，重载若干指定行。

后头的这个 NS_AVAILABLE_IOS(3_0)，意思是这个方法是 iOS 3.0 之后才支持的，如果里头有 10_10 之类的数字，那是 OSX 系统的版本号，因为 OSX 和 iOS 开发用的库是几乎一样的。如果你看到的是 NS_DEPRECATED，说明这个方法在当前 iOS 版本中将要被废弃掉（现在暂时能用，不过在未来某个时间也许这个方法就真的被移除了，那么到时候修改起来就很痛苦了），应该考虑用别的方法。

当这几个方法之一调用后，系统会重新调用表格数据源协议方法以重新绘制 tableView。这些协议方法实现得稍有不慎，就会报错。

9.5.1 删除单元格

要对表格内容进行修改，必须先要进入编辑状态。我们先在表格标题的右边加一个切换编辑状态的按钮（为什么放右边？请思考）。

在 ViewController.m 文件的 ViewDidLoad 方法中加入下列代码。

```
self.navigationItem.rightBarButtonItem = self.editButtonItem;
```

然后按 command+R，看运行结果，如图 9-15 所示。

图 9-15　删除界面

现在编辑界面出来了，有了删除界面，但还删除不了东西，因为毕竟只用了一行代码。self.editButtonItem 是 UITableViewController 定义好的一个编辑按钮，能自动切换显示的按钮，这里显示的是英文，可以在项目属性里把语言修改为中文，这样显示的就是中文了。思考一下，这个按钮功能过于简单，如果要自己动手做，怎么做？（提示：tableView 编辑状态的切换可通过对 tableView.editing 属性赋值。答案在 9.5.2 节）

要实现单元格的删除，需要实现 UITableViewDataSource 协议中的方法，代码如下。

```
-(void)tableView:(UITableView *)tableView commitEditingStyle:(UITableView
CellEditingStyle)editingStyle forRowAtIndexPath:(NSIndexPath *)indexPath
```

```
{
// to do...
}
```

先把这个方法写出来，但方法内不写一行代码，这时候运行，可以发现，已经支持左滑删除了，只是还删除不了。需要编码实现删除功能，代码如下。

```
-(void)tableView:(UITableView *)tableView commitEditingStyle:(UITableView
CellEditingStyle)editingStyle forRowAtIndexPath:(NSIndexPath *)indexPath
{
    NSMutableArray *mData = data.mutableCopy;
    NSMutableArray *mSection = [data[indexPath.section] mutableCopy];
    [mSection removeObjectAtIndex:indexPath.row];
    mData[indexPath.section] = mSection;
    data = mData;
    [tableView deleteRowsAtIndexPaths:@[indexPath] withRowAnimation:UITable
ViewRowAnimationTop];
}
```

因为这里的 data 是 NSArray 类型，是"不可变"数组，所以修改起来比较麻烦，需要先做一份可变拷贝出来进行操作，再赋值回去。直接修改是不行的。还有个办法，就是把 data 改成 NSMutableArray 类型，到底哪种好，可以自己权衡一下，看哪种最适合自己。

修改完 data 后，最后一句 deleteRowsAtIndexPaths 方法是展示删除动画的，通过这个方法，就可以看到漂亮的删除动画了。动画效果由 withRowAnimation:参数指定，通过智能感知提示可以看到有很多动画选项，这里的选择了"Top"方式，意思是单元格自下而上地消失。@[indexPath]是构造了一个只包含了 indexPath 一个元素的 NSArray 数组，这里也可以指定多个 indexPath，当然也就是动画显示删除这些 indexPath 对应的单元格，前提是对 data 相应元素的删除也到位。

这里也是最容易出错的地方，之前对 data 的修改操作如果没有到位，最后这一句就会报错。

修改完成后就可以按 command + R 运行来体会删除操作了。

9.5.2　增加单元格

相比较而言，增加单元格比删除单元格要麻烦多了。首先得做出来一个带增加按钮的界面，可以这样：当表格进入编辑状态后，每一节（section）增加一行带"＋"标志的单元格，单击它就能新增单元格。这样的话，需要再回头修改数据源协议的几个方法，代码如下。

```objc
-(NSInteger)tableView:(UITableView *)tableView numberOfRowsInSection:(NSInteger)section
{
    if (searchCon.isActive) {
        return data.count;
    }else{
        NSInteger rows = [data[section] count];
        return tableView.isEditing ? rows + 1 : rows;
    }
}


-(UITableViewCell *)tableView:(UITableView *)tableView cellForRowAtIndexPath:(NSIndexPath *)indexPath
{
    static NSString *reuse = @"cells";
    UITableViewCell *cell = [tableView dequeueReusableCellWithIdentifier:reuse];
    if (cell == nil) {
        cell = [[UITableViewCell alloc] initWithStyle:UITableViewCellStyleDefault reuseIdentifier:reuse];
    }
    if (searchCon.isActive) {
        cell.textLabel.text = data[indexPath.row];
    }else{
        if(indexPath.row < [data[indexPath.section] count])
            cell.textLabel.text = data[indexPath.section][indexPath.row];
        else
            cell.textLabel.text = @"添加...";
    }
    return cell;
}
```

以上代码中下划线部分为修改的关键代码。通过 tableView.isEditing 属性来决定是否多出一行。此时按 command+R 运行会发现每一节根本没有多出这一行，这是因为进入编辑状态后以上两个方法没有调用的缘故，需要在进入编辑状态后对 tableView 调用 reloadData 方法强制 tableView 重新绘制，这样才可以看到每节（section）多出一行。那么之前在导航栏右边做的编辑按钮就不能满足需要了，这里要重新写一个：

在 ViewController.m 文件中，修改 viewDidLoad 方法，删除这句代码。

```
self.navigationItem.rightBarButtonItem = self.editButtonItem;
```

而代之以如下代码。

```
self.navigationItem.rightBarButtonItem = [[UIBarButtonItem alloc] initWith
Title:@" 编 辑 " style:UIBarButtonItemStylePlain target:self action:@selector
(onEditing:)];
```

然后再实现 onEditing:方法，代码如下。

```
-(void)onEditing:(UIBarButtonItem *)btn
{
    btn.title = self.tableView.isEditing ? @"编辑" : @"完成";
    [self.tableView setEditing:!self.tableView.isEditing animated:YES];
    [self.tableView reloadData];
}
```

这里实现很简单，就是 3 件事，改按钮标题，切换表格编辑状态，然后刷新 tableView。onEditing:方法的参数就是发生事件的控件本身，因为这里知道控件的参数类型，为了方便可直接写上控件类型，这也是个小技巧。

然后按 command + R 运行，"添加..."这一行终于出现了，如图 9-16 所示。

图 9-16　添加界面 1

　　这里还有几个大问题，第一是没有动画过渡，显得很生硬，不像 iOS 风格，第二是"添加"行的标志竟然是"－"，需要修改。

　　动画的问题，可以这样解决，修改 onEditing:方法，代码如下。

```
-(void)onEditing:(UIBarButtonItem *)btn
{
    btn.title = self.tableView.isEditing ? @"编辑" : @"完成";
    [self.tableView setEditing:!self.tableView.isEditing animated:YES];

    NSMutableArray *rows = [NSMutableArray new];
    for (int i = 0; i < data.count; i++) {
        NSIndexPath *ip = [NSIndexPath indexPathForRow:[data[i] count] in
Section:i];
        [rows addObject:ip];
    }
    self.tableView.isEditing ? [self.tableView insertRowsAtIndexPaths:rows
withRowAnimation:UITableViewRowAnimationBottom] : [self.tableView deleteRows
AtIndexPaths:rows withRowAnimation:UITableViewRowAnimationTop];
}
```

　　这里把每一节（section）多出来的这一行单元格（即"添加..."单元格）的 indexPath 做出来放到数组 rows 里，然后根据表格状态去插入或删除这些单元格，同时指定动画方式。

　　然后按 command+R 运行，现在动画完美了。

　　接着解决第二个问题，更改左边的这个"－"标志，把它改为绿色的"＋"。这个标志是由 UITableViewDelegate 协议的一个方法来控制的，这个方法返回一个 enum 值，用来标识显示红色的"－"还是绿色的"＋"还是什么都不显示。添加该方法的代码如下。

```
-(UITableViewCellEditingStyle)tableView:(UITableView *)tableView editing
StyleForRowAtIndexPath:(NSIndexPath *)indexPath
{
    return indexPath.row == [data[indexPath.section] count] ? UITableView
CellEditingStyleInsert : UITableViewCellEditingStyleDelete;
}
```

　　这里代码只有一行，非常简单，就是判断这个 row 是否超过了 data 数据的边界，超过了那就是"添加..."这一行。

　　按 command+R 运行，结果比较完美了，如图 9-17 所示。

图9-17　添加界面2

　　如果现在去按这个绿色的"＋"图标，就会报错。错误原因是没有编写"添加..."按钮的代码逻辑，需要修改报错地点所在的方法，代码如下。

```
-(void)tableView:(UITableView *)tableView commitEditingStyle:(UITableView
CellEditingStyle)editingStyle forRowAtIndexPath:(NSIndexPath *)indexPath
{
    // to do...
    NSMutableArray *mData = data.mutableCopy;
    NSMutableArray *mSection = [data[indexPath.section] mutableCopy];
    editingStyle == UITableViewCellEditingStyleDelete ? [mSection remove
ObjectAtIndex:indexPath.row] : [mSection addObject:@""];
    mData[indexPath.section] = mSection;
    data = mData;
    editingStyle == UITableViewCellEditingStyleDelete ? [tableView deleteRows
AtIndexPaths:@[indexPath]    withRowAnimation:UITableViewRowAnimationTop]    :
[tableView insertRowsAtIndexPaths:@[indexPath] withRowAnimation:UITableViewRow
AnimationBottom];
}
```

　　这个方法有一个参数是 UITableViewCellEditingStyle，指示是删除还是添加，这里增加判断就可以了。之前为什么不判断是因为没做添加的按钮，所以不可能有添加的情况。

　　按 command+R 运行，现在可以删除或添加单元格了，如图 9-18 所示。

图 9-18　删除或添加操作

接下来的问题就是，虽然添加了单元格，可是新单元格内容是空的，还不能编辑。

9.5.3　改动及刷新单元格

iOS 系统内置的设置程序，在改动单元格内容时，喜欢采用这样的方式，比如在设置
–>通用–>关于本机–>名称里改动，如图 9-19 所示。

图 9-19　设置–通用–关于本机–名称

可以看到，名称这个单元格按下后会左滑一个界面，专门用以输入文字。这里也可仿
此另外做一个 UIViewController 来做编辑工作。

先给每个单元格增加一个向右的箭头标识表示可以编辑，这个需要修改如下代码。

```
-(UITableViewCell *)tableView:(UITableView *)tableView cellForRowAtIndex
Path:(NSIndexPath *)indexPath
```

在该方法的最后几行添加如下一行语句（在下划线处）。

```
if(indexPath.row < [data[indexPath.section] count]){
        cell.textLabel.text = data[indexPath.section][indexPath.row];
```

```
        cell.accessoryType = UITableViewCellAccessoryDisclosureIndicator;
    }else
        cell.textLabel.text = @"添加...";
...
```

　　cell.accessoryType 就是指定单元格右侧显示的辅助标识。先看下效果如图 9-20 所示。

图 9-20　单元格右侧箭头标识

　　然后新建一个 UIViewController 文件，在 Xcode 中按 command+N，弹出如图 9-21 和图 9-22 所示的对话框。

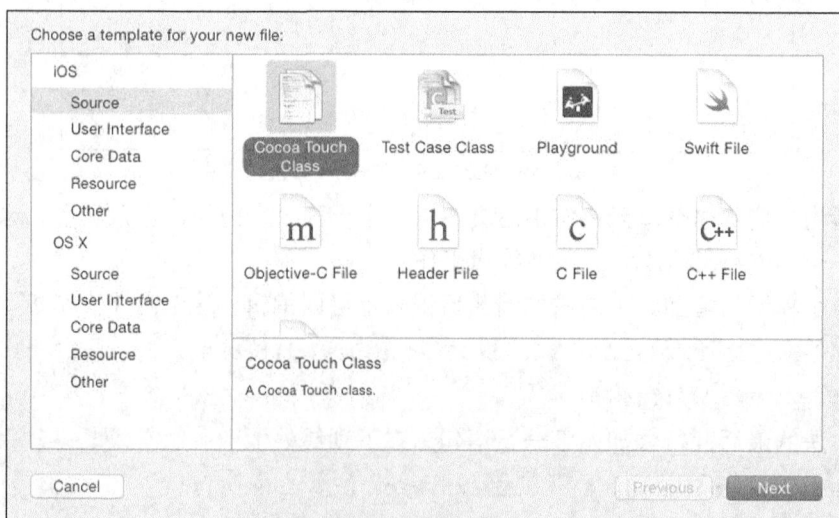

图 9-21　新建类文件

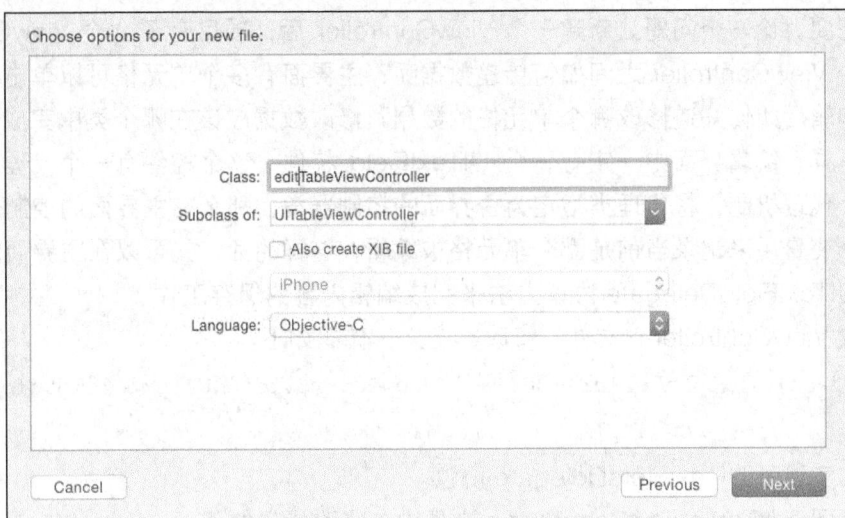

图 9-22　定义新类文件名称

这里选择父类为 UITableViewController，是因为输入界面其实也是一个表格，一个只有一行的表格。新的类起名为 editTableViewController。

如图 9-23 所示，双击最上面那个 9-1-tableTest 文件夹里，然后单击 Create 创建。如果没双击而直接点 Create 按钮的话，在 Xcode 左侧的项目文件导航里新的两个文件位置会跑到最上面去，可以选中后拖下来就可以了。

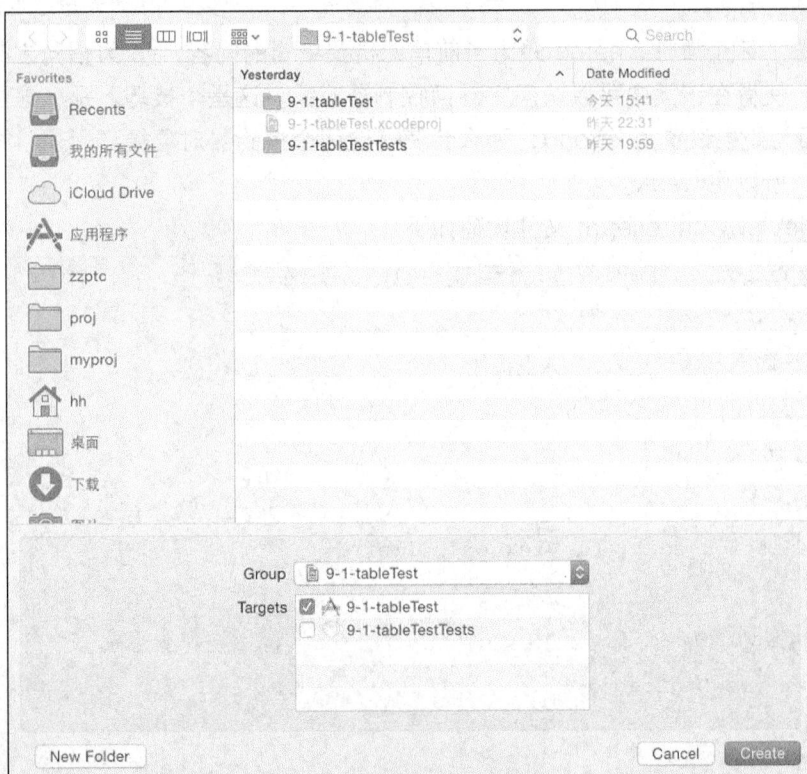

图 9-23　新建类文件的存储位置

　　这里需要讨论一个问题。新建一个 ViewController 后，项目有了 2 个 ViewController 了，这 2 个 ViewController 之间如何传递数据呢？主界面有多个单元格可以单击，编辑界面在完成编辑后如何知道修改哪个单元格的数据？修改数据应该在哪个类中完成？

　　不管怎样，编辑界面中一定有一个 UITextField 控件，这个控件有一个代理，我们可以利用这个代理机制，将代理类指定为主界面的控制器类，那么在主界面的控制器类中可以增加一个变量用来记录当前是哪个单元格被编辑，这样的话，就可以在主界面的控制器类中实现 UITextFieldDelegate 协议方法来完成编辑内容的保存工作。

　　先修改 ViewController.h 文件，修改类定义，代码如下。

```
@interface ViewController : UITableViewController <UITextFieldDelegate>
@end
```

　　表明其实现了 UITextFieldDelegate 协议。

　　然后转到 editTableViewController.h 文件中，修改代码如下。

```
#import <UIKit/UIKit.h>
#import "ViewController.h"
@interface editTableViewController : UITableViewController
@property (strong,nonatomic) NSString *name;
@property (weak,nonatomic) ViewController *vc;
@end
```

　　这里设置了 2 个属性，name 即为当前单元格要编辑的内容，vc 为指向主界面控制器对象的指针，使得在该类中可以访问主界面控制器对象。这是个技巧。那么这里为什么用 weak 呢？因为如果设置为 strong，那么会使得这两个控制器对象循环引用，进而导致内存回收问题，所以用 weak。

　　editTableViewController.m 文件代码如下。

```
@interface editTableViewController ()
{
    UITextField *tf; // 输入框控件
}
@end


@implementation editTableViewController


- (void)viewDidLoad {
    [super viewDidLoad];


}
```

```
#pragma mark - Table view data source

- (NSInteger)numberOfSectionsInTableView:(UITableView *)tableView {

    return 1;  // 只有 1 个节

}


-   (NSInteger)tableView:(UITableView  *)tableView  numberOfRowsInSection:
(NSInteger)section {

    return 1;  // 只有 1 行

}


-(UITableViewCell *)tableView:(UITableView *)tableView cellForRowAtIndex
Path:(NSIndexPath *)indexPath

{

    static NSString *reuse = @"editCells";

    UITableViewCell *cell = [tableView dequeueReusableCellWithIdentifier:
reuse];

    if (cell == nil) {

        cell   =   [[UITableViewCell   alloc]   initWithStyle:UITableViewCell
StyleDefault reuseIdentifier:reuse];

    }

    tf = [[UITextField alloc] initWithFrame:CGRectMake(15, 0, 290, 44)];

    tf.clearButtonMode = UITextFieldViewModeAlways; //右侧显示清除按钮

    tf.delegate = self.vc; // 设置 self.vc 即主界面视图控制器为输入框的输入事件响应
代理，在该控制器中可获取修改的内容。

    tf.text = self.name;  // self.name 为要编辑的内容

    [cell.contentView addSubview:tf]; //显示在 cell 中

    return cell;

}

@end
```

这个文件的内容是简单的，也是贯彻之前的思路。

然后回到 ViewController.m 文件，继续修改，首先是添加一个私有变量来存储当前被
编辑的单元格的 indexPath，代码如下。

```
@interface ViewController () <UISearchResultsUpdating>

{

    NSArray *data;
```

```
    NSArray *dataBackup;

    NSArray *header;

    UISearchBar *bar;

    UISearchController *searchCon;

    NSIndexPath *curCellIndexPath;    // 新增私有变量存储被编辑的单元格位置

}
@end
```

然后新增一个 UITableViewDelegate 协议中的常用关键方法，代码如下。

```
-(void)tableView:(UITableView *)tableView didSelectRowAtIndexPath:(NSIndexPath *)indexPath;
```

该方法在单元格被单击时触发。在这里记录被单击单元格的 indexPath，并且转入编辑页面，实现代码如下。

```
-(void)tableView:(UITableView *)tableView didSelectRowAtIndexPath:(NSIndexPath *)indexPath
{
    if (indexPath.row == [data[indexPath.section] count]){
        return; //运行到这里说明单击的单元格是"添加..."
    }
    curCellIndexPath = indexPath;
    editTableViewController *vc = [[editTableViewController alloc] initWithStyle:UITableViewStyleGrouped];
    vc.name = data[indexPath.section][indexPath.row];
    vc.vc = self;
    [self.navigationController pushViewController:vc animated:YES];
}
```

这里首先是判断是否单击到了"添加"按钮（在编辑状态下）。实际上 tableView 有个属性 allowsSelectionDuringEditing 用来控制在编辑状态下能否选中，默认是 NO，也就是编辑状态下单击单元格不会触发这个 didSelectRowAtIndexPath 方法，所以我们可以在 viewDidLoad 方法中添加这么一句代码。

```
    self.tableView.allowsSelectionDuringEditing = YES;
```

这样即使 tableView 在编辑状态下，也可以单击并且触发 didSelectRowAtIndexPath 方法了。

接着解释 didSelectRowAtIndexPath 方法，只要单击的不是"添加"按钮，那么就记录下当前单元格的 indexPath，随即创建编辑控制器对象，给其两个属性分别赋值，然后使用导航控制器 navigationController 来推入这个控制器对象，进入编辑界面。

按 command+R 运行，如图 9-24 所示。

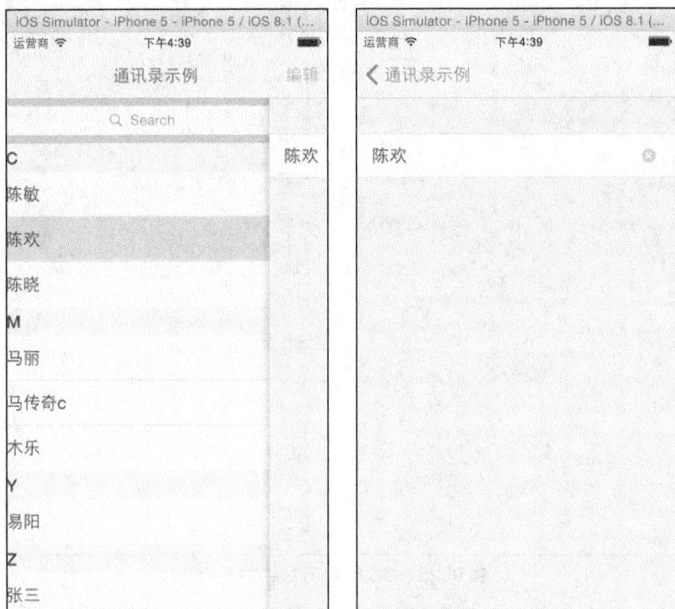

图 9-24　编辑内容界面

想要的结果出来了。不过因为在 ViewController.m 中还没实现 UITextFieldDelegate 协议的方法，因此这里编辑的结果还是保存不了。

接着在 ViewController.m 中添加 UITextFieldDelegate 协议方法，代码如下。

```
-(void)textFieldDidEndEditing:(UITextField *)textField
{
    NSMutableArray *mData = data.mutableCopy;
    NSMutableArray *mSection = [data[curCellIndexPath.section] mutableCopy];
    mSection[curCellIndexPath.row] = textField.text; //获取修改的内容
    mData[curCellIndexPath.section] = mSection;
    data = mData;
    [self.tableView reloadData]; //修改完要重新装载表格才会显示
}
```

这里步骤繁琐仍然是因为我们的 data 是 NSArray 类型，不能直接修改内容，所以迂回实现。该方法的唯一参数 textField 即包含了修改完的内容，直接读取其 text 属性即可，这里使用了 curCellIndexPath 来保存修改的内容，最后 reloadData 一下 tableView。

按 command+R 运行，可以保存修改结果了，如图 9-25 所示。

图 9-25　修改结果可以保存并显示

如果单击某个单元格，其变灰后颜色变不回来的话，可以在 didSelectRowAtIndexPath 方法的最后加上这么一句代码。

```
[tableView deselectRowAtIndexPath:indexPath animated:YES];
```

9.6　项目制作——制作简单记事本

以上介绍了 UITableView 的大致用法，下面从 0 开始做一个简单的记事本。

9.6.1　建立项目

新建 iOS Application 项目，选择 Single View Application，如图 9-26 所示。

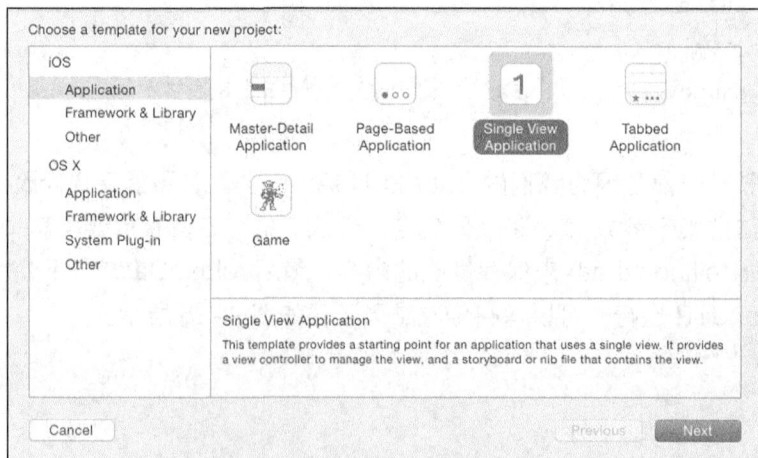

图 9-26　新建 iOS 项目

如图 9-27 所示，在 Product Name 这一栏输入项目名，Organization Identifier 可以选择自己的个人网址反写，这个可以保证不会跟别人的冲突。然后单击 Next 按钮，选择存储位置。再设置项目属性，如图 9-28 所示。

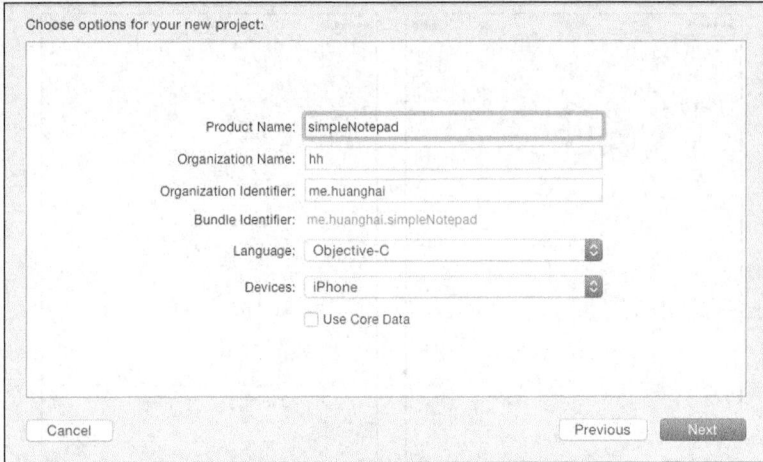

图 9-27　定义项目名

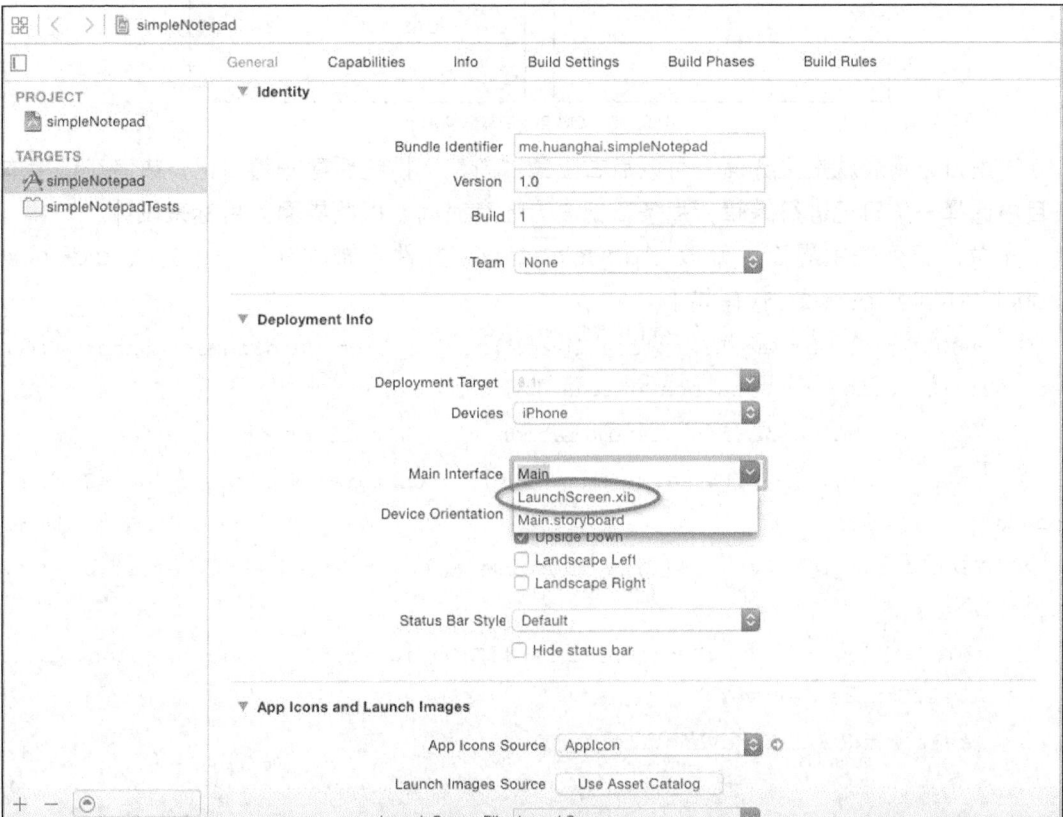

图 9-28　设置项目属性

在 Main Interface 那一栏选择 LaunchScreen.xib。

9.6.2 记事本列表页面制作

首先以 iOS 系统自带的备忘录为蓝本来制作,去掉其"账户"按钮。iOS 系统自带的备忘录 App 如图 9-29 所示。

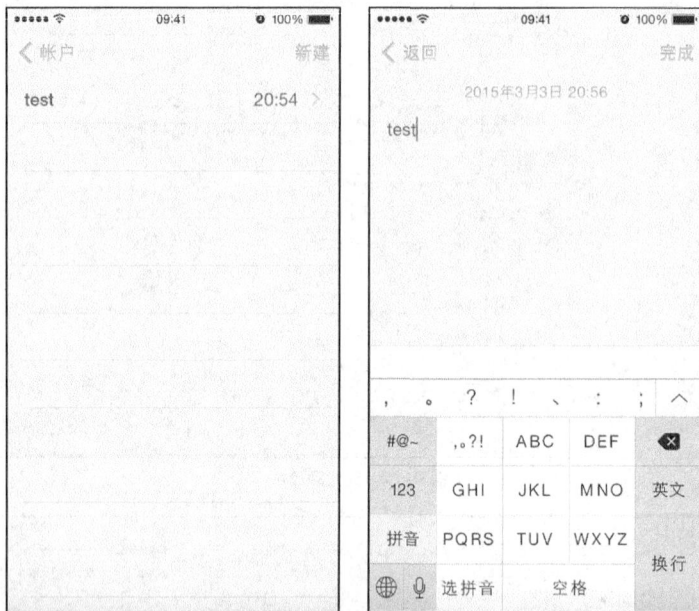

图 9-29 iOS 自带的备忘录 App

这里日记列表就是主界面,可以点右上角"新建"按钮新建一篇日记,或者在记事本条目中选择一条日记进行编辑,每条日记右方还有时间。以此界面为目标来设计。

先做日记列表主界面,修改 AppDelegate.m 文件,修改其第一个方法 didFinishLaunchingWithOptions,代码如下。

```
- (BOOL)Application:(UIApplication *)Application didFinishLaunchingWith
Options:(NSDictionary *)launchOptions {
    // Override point for customization after Application launch.
    self.window = [[UIWindow alloc] initWithFrame:[[UIScreen mainScreen]
bounds]];
    ViewController *vc = [[ViewController alloc] initWithStyle:UITableView
StylePlain];
    self.window.rootViewController = [[UINavigationController alloc] init
WithRootViewController:vc];
    [self.window makeKeyAndVisible];
    return YES;
}
```

然后转到 ViewController.h 文件,修改 ViewController 类的父类为 UITableView

Controller，代码如下。

```
@interface ViewController : UITableViewController
```

接下来，因为每条日记都有时间，所以应该定义一个日记类作为 MVC 模式中的 model。按 command+N，新建一个 Cocoa Touch Class 类文件，如图 9-30 和图 9-31 所示。

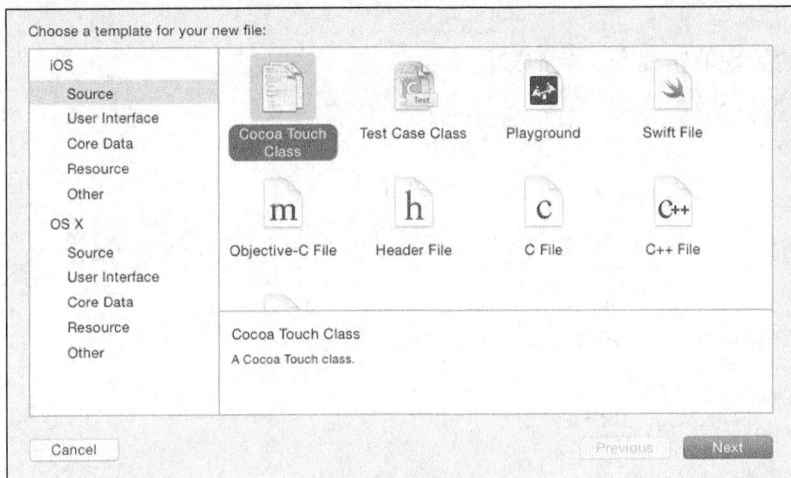

图 9-30　新建类文件

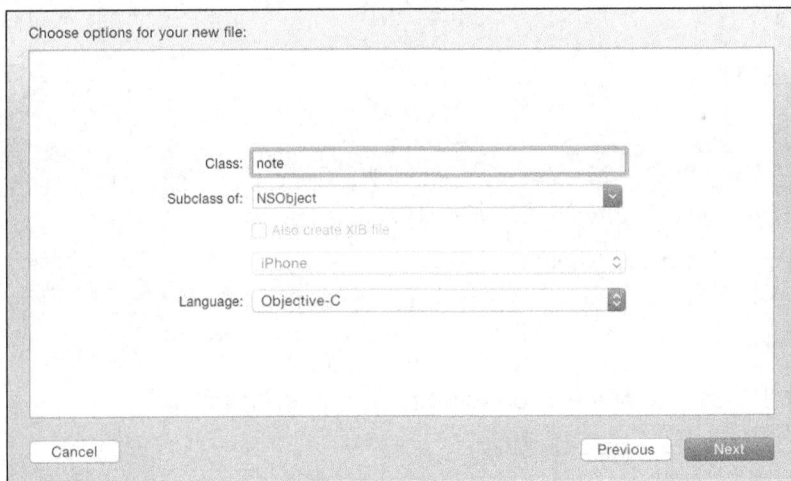

图 9-31　定义类文件名称

新类起名为 note，并选择父类为 NSObject。这个类将作为存放日记的数据类，用来存储一篇日记及日记建立或修改的时间。

note.h 代码如下。

```
#import <Foundation/Foundation.h>

@interface note : NSObject


@property (strong,nonatomic) NSString *text;
```

```
@property (strong,nonatomic) NSDate *date;

-(instancetype)initWithText:(NSString*)text date:(NSDate*)date;
-(NSString*)dateString;
@end
```

note 类的实现非常简单，代码如下。

```
#import "note.h"

@implementation note
-(instancetype)initWithText:(NSString *)text date:(NSDate *)date
{
    self = [super init];
    self.text = text;
    self.date = date;
    return self;
}


-(NSString *)dateString
{
    NSDateFormatter *df = [[NSDateFormatter alloc] init];
    df.dateFormat = @"yyyy年M月d日";
    return [df stringFromDate:self.date];
}
@end
```

准备工作妥当后，转到 ViewController.m 文件，编写代码如下。

```
@interface ViewController ()
{
    NSMutableArray *data;
}
@end
@implementation ViewController
- (void)viewDidLoad {
    [super viewDidLoad];
```

```
    self.title = @"记事本";

    notes = @[[[note alloc] initWithText:@"test" date:[NSDate date]]].
mutableCopy;

}


-(NSInteger)numberOfSectionsInTableView:(UITableView *)tableView

{

    return 1;

}

-(NSInteger)tableView:(UITableView    *)tableView    numberOfRowsInSection:
(NSInteger)section

{

    return data.count;

}


-(UITableViewCell*)tableView:(UITableView    *)tableView    cellForRowAtIndex
Path:(NSIndexPath *)indexPath

{

    static NSString *reuse = @"cell";

    UITableViewCell *cell = [tableView dequeueReusableCellWithIdentifier:
reuse];

    if (cell == nil) {

        cell = [[UITableViewCell alloc] initWithStyle:UITableViewCellStyle
Value1 reuseIdentifier:reuse];

    }

    note *n = data[indexPath.row];

    cell.textLabel.text = n.text;

    cell.detailTextLabel.text = n.dateString;


    return cell;

}

@end
```

代码很简单，没有超出之前的内容。先按 command + R 运行，如图 9-32 所示。

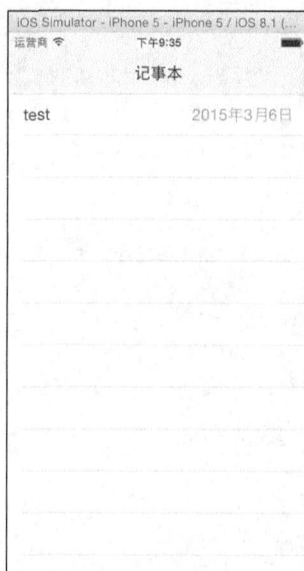

图 9-32　记事本雏形

现在基本样子出来了。

9.6.3　记事本添加与编辑页面制作

接下来，在右上角添加"新建"按钮。为什么是在右上角？因为一般而言确定类的按钮在右边，取消类的按钮在左边。右边比左边更容易按到。更改 ViewController.m 的 viewDidLoad 方法，添一行语句如下：

```
self.navigationItem.rightBarButtonItem = [[UIBarButtonItem alloc] initWith
Title:@" 新 建 " style:UIBarButtonItemStylePlain target:self action:@selector
(onNewNote:)];
```

指定响应方法为 onNewNote:，在此方法中要能够导航到一个专门的编辑页面以编辑内容，这需要新创建一个父类为 UIViewController 的编辑页面视图控制器，取名为 editViewController，建新类的过程不再赘述。

这个 editViewController 类，需要包含一个 UITextView 控件，一个"保存"按钮，当然也是放在右上角，左上角是返回键。

editViewController.h 文件代码如下。

```
#import <UIKit/UIKit.h>
#import "note.h"


@interface editViewController : UIViewController
{
    UITextView *tv;
    note *theNote;
```

```
}
-(instancetype)initWithNote:(note*)theNote textViewDelegate:(id<UITextView
Delegate>)delegate;
@end
```

editViewController.m 文件代码如下。

```
#import "editViewController.h"
@interface editViewController ()
@end
@implementation editViewController


-(instancetype)initWithNote:(note  *)note  textViewDelegate:(id<UITextView
Delegate>)delegate
{
    self = [super init];
    theNote = note;
    // tv 的 frame 的宽度和高度在这里简化了，直接用的 iPhone5 的宽高。
    tv = [[UITextView alloc] initWithFrame:CGRectMake(0, 0, 320, 568)];
    tv.delegate = delegate;
    tv.text = note.text;
    return self;
}


- (void)viewDidLoad {
    [super viewDidLoad];
    // Do any additional setup after loading the view.
    self.title = theNote.dateString;
    self.navigationItem.rightBarButtonItem = [[UIBarButtonItem alloc] init
WithTitle:@"保存" style:UIBarButtonItemStylePlain target:self action:@selector
(onSave:)];
    [self.view addSubview:tv];
}


-(void)viewDidAppear:(BOOL)animated
{
    [tv becomeFirstResponder]; //进入该界面时就进入编辑状态
```

```
}

-(void)onSave:(id)sender

{

    [tv resignFirstResponder]; //简单地退出第一响应者即可

}
@end
```

　　这个类相当的简化。这里有一个什么问题需要考虑呢？就是对象之间的通信问题。通俗点讲，就是编辑界面如何知道要编辑的内容，以及编辑完成后的保存，主界面如何知道新的保存内容呢？这个通信问题需要自己的思考和设计。有一个技巧是给类加入需要通信对象的指针，互相指着，需要通信时可以直接获取到对方的引用，这是一种办法。还有一种技巧，就是利用代理模式，可以自己编写协议，但是这里因为有 UITextView，这个类本身就有协议，可以直接利用。将 UITextView 对象的代理设置为主界面的控制器对象，当编辑结束时，触发的事件处理就会在主界面的控制器对象中进行。正因为如此，"保存"按钮的事件响应方法只需简单地退出第一响应者就可以了，这会触发 UITextViewDelegate 协议的 textViewDidEndEditing 方法，而此方法在主界面控制器对象中，将在此上下文环境中完成保存工作。

　　综上所述，ViewController.h 需要改动，为其增加一个协议，代码如下。

```
@interface ViewController : UITableViewController <UITextViewDelegate>
```

　　在 ViewController.m 中，修改最上面的类扩展部分，代码如下。

```
@interface ViewController ()

{

    NSMutableArray *notes;

    NSIndexPath *curIndexPath; //新增

    BOOL isNew; //新增

}
@end
```

　　在这里增加一个变量 curIndexPath 用来保存当前编辑的单元格的 indexPath，isNew 用来辨别日记是新建的还是修改的。

　　然后实现部分的源代码如下。

```
@implementation ViewController


- (void)viewDidLoad {

    [super viewDidLoad];

    // Do any additional setup after loading the view, typically from a nib.
```

```
    self.title = @"记事本";
    self.navigationItem.rightBarButtonItem = [[UIBarButtonItem alloc] init
WithTitle:@"新建" style:UIBarButtonItemStylePlain target:self action:@selector
(onNewNote:)];
    self.navigationItem.backBarButtonItem = [[UIBarButtonItem alloc] init
WithTitle:@"返回" style:UIBarButtonItemStylePlain target:nil action:nil];
    notes = @[[[note alloc] initWithText:@"test" date:[NSDate date]]].mutable
Copy;
    isNew = NO;
}


-(void)onNewNote:(id)sender
{
    isNew = YES;
    [self gotoEditNote:[[note alloc] initWithText:@"新建日记" date:[NSDate
date]]];
}


-(NSInteger)numberOfSectionsInTableView:(UITableView *)tableView
{
    return 1;
}


-(NSInteger)tableView:(UITableView *)tableView numberOfRowsInSection:
(NSInteger)section
{
    return notes.count;
}


-(UITableViewCell*)tableView:(UITableView *)tableView cellForRowAtIndex
Path:(NSIndexPath *)indexPath
{
    static NSString *reuse = @"cell";
    UITableViewCell *cell = [tableView dequeueReusableCellWithIdentifier:
reuse];
```

```
    if (cell == nil) {
        cell = [[UITableViewCell alloc] initWithStyle:UITableViewCellStyle
Value1 reuseIdentifier:reuse];
    }

    note *n = notes[indexPath.row];
    cell.textLabel.text = n.text;
    cell.detailTextLabel.text = n.dateString;

    return cell;
}


-(void)tableView:(UITableView *)tableView didSelectRowAtIndexPath:(NSIndex
Path *)indexPath
{
    isNew = NO;
    curIndexPath = indexPath;
    [self gotoEditNote:[notes getNote:indexPath.row]];
}


-(void)gotoEditNote:(note*)theNote
{
    editViewController *editVc = [[editViewController alloc] initWithNote:
theNote textViewDelegate:self];
    [self.navigationController pushViewController:editVc animated:YES];
}


-(void)textViewDidEndEditing:(UITextView *)textView
{
    if (isNew) {
        [notes insertObject:[[note alloc] initWithText:textView.text date:
[NSDate date]] atIndex:0];
        curIndexPath = [NSIndexPath indexPathForRow:0 inSection:0];
        [self.tableView reloadData];
    }
    if (![textView.text isEqualToString:[notes[curIndexPath.row] text]]){
```

```
        note *n = notes[curIndexPath.row];

        n.text = textView.text;

        [notes removeObjectAtIndex:curIndexPath.row];

        [notes insertObject:n atIndex:0];

    }

    [self checkAndProcessEmptyNote];

}


-(void)checkAndProcessEmptyNote

{

    if ([[notes[curIndexPath.row] text] isEqualToString:@""]){

        [notes removeObjectAtIndex:curIndexPath.row];

        [self.tableView    deleteRowsAtIndexPaths:@[curIndexPath]    withRow
Animation:UITableViewRowAnimationTop];

    }else{

        [self.tableView reloadData];

    }

}

@end
```

在这里，实现了 UITextViewDelegate 协议的 textViewDidEndEditing 方法，该方法在编辑完成后触发。在该方法中判断日记是否新建，以决定插入日记或修改日记，最后处理空的日记，如果日记内容为空则将其删除。

到此，有着基本功能的记事本就基本做好了，这里还隐藏着两个问题：

1. 标题显示的是日记内容，如果日记内容过长，就会引发显示问题；

2. 编辑页面中如果日记内容过长，会存在键盘遮挡问题。

如何解决这两个问题？留给大家思考。

9.6.4　添加搜索框

前面介绍过怎么做搜索框，这里只要把代码直接拿过来用就好。

在 ViewController.m 文件中的类扩展部分，增加两个私有变量，代码如下。

```
@interface ViewController ()<UISearchResultsUpdating>

{

    NSMutableArray *notes;

    NSIndexPath *curIndexPath;

    BOOL isNew;
```

```
    NSMutableArray *notesBackup; //新增
    UISearchController *searchCon; //新增
}
@end
```

因为涉及搜索，会改变数据源，所以另定义一个 notesBackup 用来备份数据。

在 viewDidLoad 方法中增加以下几行代码。

```
    searchCon = [[UISearchController alloc] initWithSearchResultsController:
nil];
    searchCon.searchResultsUpdater = self;
    UISearchBar *bar = searchCon.searchBar;
    [bar sizeToFit];
    self.tableView.tableHeaderView = bar;
```

搜索响应方法代码如下。

```
-(void)updateSearchResultsForSearchController:(UISearchController *)search
Controller
{
    NSString *text = searchController.searchBar.text;
    NSMutableArray *arr = [NSMutableArray new];
    for (note *n in notesBackup) {
        if ([n.text containsString:text] || [text isEqualToString:@""]) {
            [arr addObject:n];
        }
    }
    notes = arr;

    if (!searchController.isActive) {
        notes = notesBackup;
    }
    [self.tableView reloadData];
}
```

这里还有个问题，就是什么时候备份数据，可以在数据有变动时就备份，于是可以在 textViewDidEndEditing 方法的最后一行加上一条语句如下。

```
notesBackup = notes.mutableCopy;
```

为了完美，在 viewDidLoad 方法中，在 notes 初始化后也应该再加这么一条语句。现在项目基本完成，可按 Command+R 运行了。

这个项目还有个问题没有解决，就是当 App 关闭后，再打开，就会发现先前的日记都没了。这是因为没有将日记保存到文件，关于文件的问题，留到第 12 章阐述。

9.7　小结与作业

本章围绕 UITableView 及 UITableViewController 阐述了 iOS 中表格（table）的编程。

1. UITableView 通过 UITableViewDataSource 及 UITableViewDelegate 两个协议可强大而灵活地进行定制，做起来非常方便。做一个最简单的 UITableView 最少需要实现 UITableViewDataSource 协议的两个方法。

```
1)  (NSInteger)tableView:(UITableView *)tableView numberOfRowsInSection:
(NSInteger)section;
2)  (UITableViewCell *)tableView:(UITableView *)tableView cellForRowAtIndex
Path:(NSIndexPath *)indexPath;
```

如果是做分节表，则需要指定有几个节，此时需要再实现一个方法。

```
-(NSInteger)numberOfSectionsInTableView:(UITableView *)tableView
```

2. 可指定节头节尾，只需实现相关的方法即可，输入-(NSString *)tableView，从智能感知的提示中即可方便地完成余下的输入。

3. 使用 UISearchBar 及 UISearchController 实现搜索栏，其做法有固定的写法，本章的关于搜索框的代码可直接使用于其他项目。

4. 表格数据的修改（增、删、改），实现 UITableViewDataSource 协议中相关的方法即可，需要注意，先修改数据，再调用 UITableView 的相关方法（如 tableview 的 insertRowsAtIndexPaths 方法、deleteRowsAtIndexPath 方法等）。

5. 单击表格某一行的响应方法为 didSelectRowAtIndexPath。

6. 两个表格协议几乎所有的方法都以 tableView 开头，区别在于返回值的类型，输入返回值的类型后，再输入 tableView，即可获得智能感知的提示，据此完成补全。如果自己手动录入，不仅麻烦，而且几乎很难输入正确。

作业：

1. 自行查看 UITableViewDataSource 及 UITableViewDelegate 协议的内容，了解并熟悉其中所有的方法，并尝试使用自己未使用过的方法，这是完全掌握 UITableView 使用方法的必经途径。

2. 自己动手制作一个日记本 App，以熟练掌握 UITableView。

3. QQ 和微信的聊天界面，可以用 UITableView 实现。尝试用 UITableView 制作类 QQ 或微信的聊天界面。

4. 商城类 App，展示商品的界面一般也是用 UITableView 实现，找一个商城类 App，观察其商品列表界面，尝试自己制作。

第 10 章

iOS 常用设计模式

10.1　单例模式

单例模式，在 iOS 中非常常见，一个类，不通过 alloc 和 init 来新建，而是直接通过一个类方法来获取，全局这个类就只有一个对象，这就是单例模式。如 AppDelegate 类，可以通过如下代码直接获取。

```
[[UIApplication sharedApplication] delegate];
```

比如剪贴板，可以通过如下方式获取。

```
UIPasteboard *board = [UIPasteboard generalPasteboard];
```

比如一些简单数据的存储类，可以这样获取。

```
NSUserDefaults *def = [NSUserDefaults standardUserDefaults];
```

比如消息中心类（将在 10.3 节详细介绍），可以这样获取。

```
NSNotificationCenter *center = [NSNotificationCenter defaultCenter];
```

可以看到，这些对象的获取，都不是通过 alloc 再 init 获取的，而是直接通过类方法获取，这样有一个好处，无论在哪个文件中这么操作，获取到的是同一个对象，也就是这个类的单例。

单例模式的好处有很多，比如可以传递数据，大家共用这个对象，可以做到很多一般难以做到的事。

自己建立单例模式的类，可参考如下代码。

```
@interface DataCache : NSObject
+ (instancetype)sharedData;
@end


@implementation DataCache
static DataCache *data;

+ (instancetype)sharedData
{
    static dispatch_once_t once;
    dispatch_once(&once, ^{
        data = [[self alloc] init];
    });
    return data;
}
@end
```

根据以上代码,获取 DataCache 类的单例,如此调用即可:[DataCache sharedData]。

10.2 委托模式

委托模式在 iOS 中非常常见,比如第九章讲的 UITableView,有两个代理,UITableView DataSource 和 UITableViewDelegate,这就是委托模式,UITableView 对象委托别的实现了这两个协议的类来提供数据和响应方法。

类似的还有第 5 章的 UIPickerView,也是通过代理协议来获取要显示的数据和处理响应。

委托模式,本质上是通过接口,将接口的方法定义,和方法的具体实现分离,而提高灵活性。

委托模式还有个重要的用途,在于传递数据。比如最常见的登录界面。登录成功后,如何通知之前的页面登录结果呢? 如果在登录控制器中保留一个指向之前控制器的引用的话,一是容易产生循环引用从而内存泄漏,二是代码耦合度高,被不同的类调用的话引用的类型还不同,修改、维护也不方便。这时便可以考虑用委托模式,建立协议,使用代理,凡是调用登录框的控制器,都需要实现这个协议,这样的话就能很方便地把登录结果数据传递过来,而且实现也很优雅。

10.3 观察者模式

有时候有这样的需求:当一件事发生后,需要通知多个对象执行方法。比如更换账号登录,需要通知多个界面进行更新显示。如何知道有哪些对象要通知到呢? 这是未知的,如果把代码写死,将不能应付所有的情况。这时观察者模式就派上用场了。iOS 提供了一个通知中心类:NSNotificationCenter,就用了观察者模式。

NSNotificationCenter 本身是一个单例对象。对某个通知感兴趣的对象,可以在通知中心注册一下感兴趣的通知。当有这个通知到来时,所有注册了这个通知的对象都会收到通知从而响应。

以 UITextField 为例,UITextField 在输入文字内容发生改变时,会向通知中心发送文字更改通知,本章示例项目就演示了这一点。首先向通知中心注册成为观察者,代码如下。

```
- (void)viewWillAppear:(BOOL)animated
{
    NSNotificationCenter *center = [NSNotificationCenter defaultCenter];
    [center addObserver:self selector:@selector(onChanged:) name:UITextFieldTextDidChangeNotification object:nil];
}
```

```
- (void)viewDidDisAppear:(BOOL)animated
{
    NSNotificationCenter *center = [NSNotificationCenter defaultCenter];
    [center removeObserver:self name:UITextFieldTextDidChangeNotification
object:nil];
}
```

　　viewWillAppear 和 viewDidDisAppear 方法是控制器的两个生命周期回调方法，分别在视图将要呈现还未呈现时回调，以及在视图已经消失时回调。在第一个方法中，向通知中心注册成为观察者，并且只关注 UITextFieldTextDidChangeNotification 通知；然后在控制器生命结束，视图消失时注销观察者身份。请注意，注册观察者和注销观察者一定要成对出现。否则会造成通知中心的一些问题。

　　在注册成为观察者时，还要指定一个 selector 作为收到通知时的响应方法。

　　具体代码及使用，请见教学素材中的示例项目 10-1 NotificationCenter。

10.4　小结与作业

　　iOS 大量使用了设计模式。单例模式保证对象只有一个，可为其他对象公用，比如剪贴板、AppDelegate 对象等。委托模式将定义与实现分开，增加了代码的灵活性。观察者模式将产生消息和处理消息的对象解耦，避免了硬编码，增加了程序的灵活性。

　　作业：

1. 关于设计模式的书有很多，尝试找一本书来阅读学习。
2. 举例说明还有哪些情况可以使用单例模式？
3. 观察者模式能够解决哪些问题？

Development of iOS App

Chapter

11

第 11 章
iPad 开发之差异

11.1　iPad 开发概述

iPad 现在有三个系列：iPad mini, iPad, iPad pro，屏幕尺寸从 7.9 英寸到 9.7 英寸到 12 英寸。试想如果每种大小的屏幕的界面都一样等比放大的话，使用起来会感觉很怪，而且屏幕也得不到充分利用。iPad 上有许多 HD 应用，比如 QQ HD 版，也就是高清版，界面与 iPhone 上的完全不同，经过了完全重新的设计，使用起来就感觉很顺手。而没有对屏幕进行适配过的 App，用起来就始终感觉怪怪的。

iPad 与 iPhone 开发用的是同一套类库，有些视图在 iPad 上的表现和在 iPhone 上完全不同，开发的一些差异，具体见 11.2 节。

11.2　iPad 专用 API

11.2.1　UIPopOverController 控制器

这是 iPad 独有的界面，如图 11-1 所示。

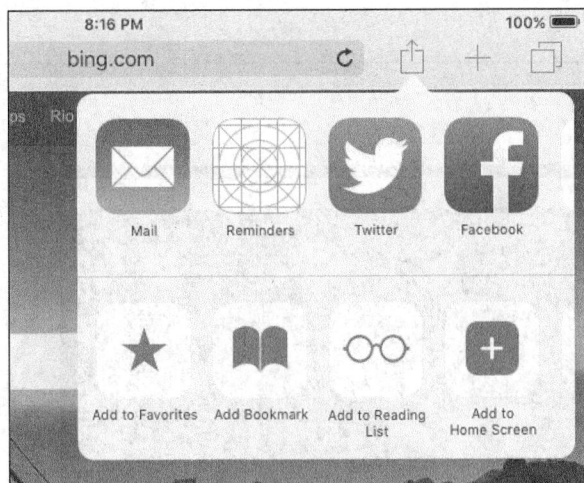

图 11-1　iPad 独有的弹出菜单

UIPopOverController 是 iPad 独有的类，不能在 iPhone 上使用。它的效果就是一个弹出的悬浮窗，还带一个箭头，如果触摸到这个悬浮窗的外面，悬浮窗会自动消失。这种悬浮窗，称为 popover 视图。

下面新建一个 iPad 示例项目，演示悬浮窗的使用，Devices 选择 iPad，如图 11-2 所示。

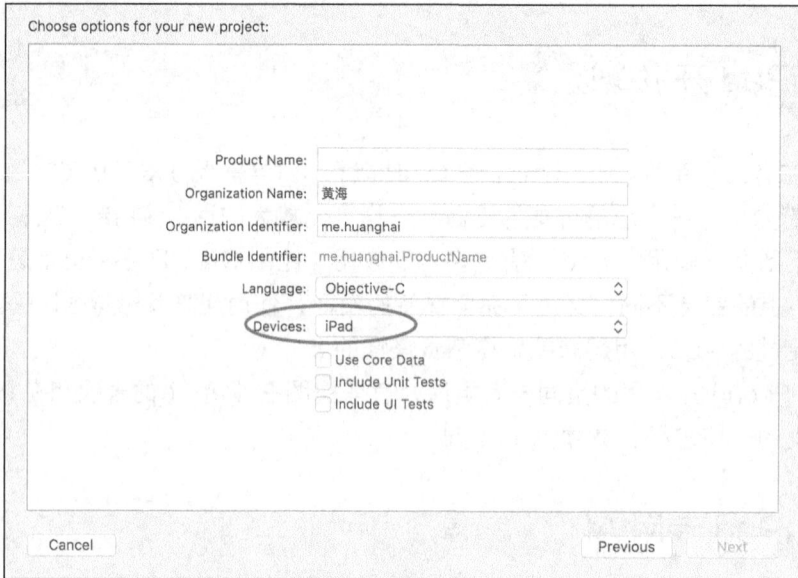

图 11-2　选择 Devices

建立好项目后，打开 Main.storyboard，在默认的 view controller 上拖曳一个 navigation bar 到顶上，距离顶部 20 点，目的是为状态栏留出空间。然后再拖曳一个 bar button item，如图 11-3 所示。

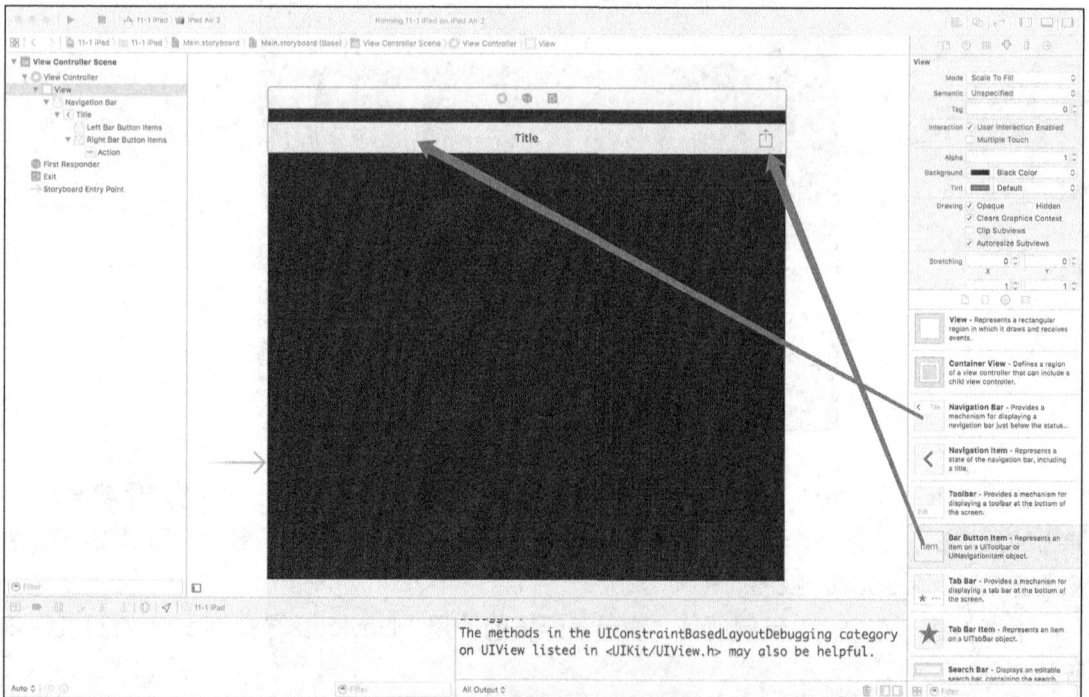

图 11-3　添加导航栏及右侧按钮

接下来,制作悬浮窗的内部显示内容,拖曳一个 Table View Controller 进来,如图 11-4
所示。

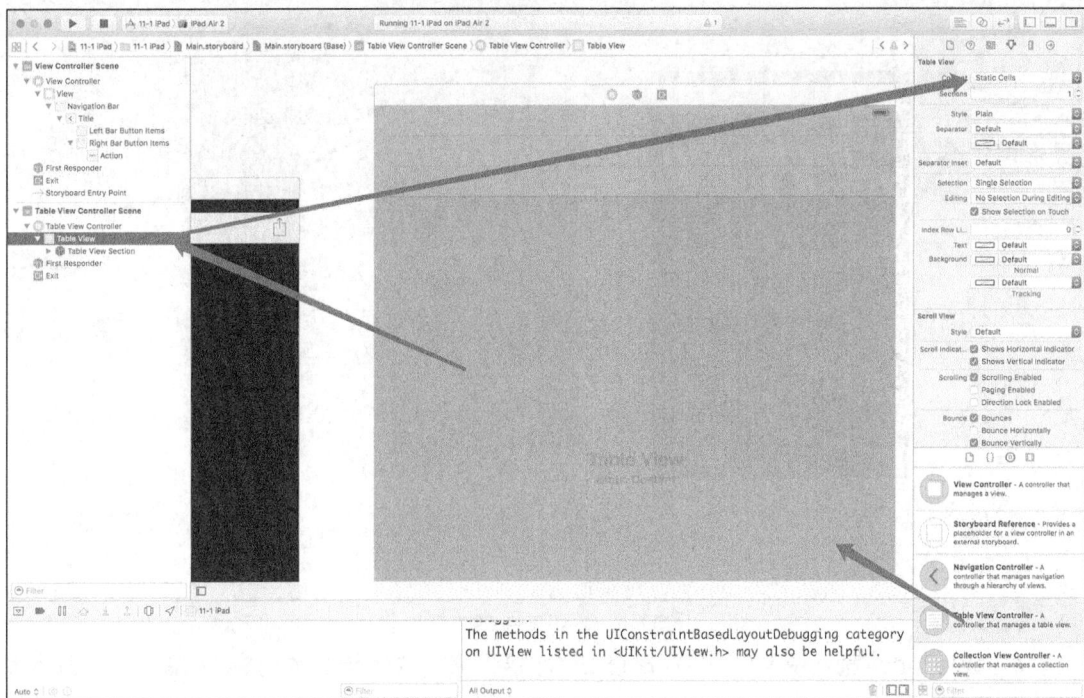

图 11-4　添加 Table View Controller

选中 Table View Controller 中的 Table View,在右上侧面板的 attribute inspector 选项
卡中,选择 Content 为 Static Cells,选中 Table View Controller,在右上侧面板的 identity
inspector 中设置其 storyboard ID 为 menuCon（用代码调用时需要用到）。然后选中左侧
View Controller 放上去的右边的按钮,按住 control 键不放,拖动鼠标至 Table View
Controller,松开鼠标,出现的菜单如图 11-5 所示。

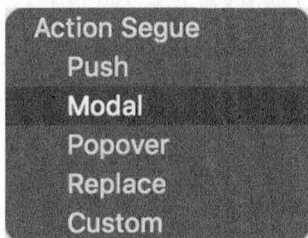

图 11-5　建立跳转关联

在菜单中可以看到,比 iPhone 开发时多了个 Popover 选项。选中 Popover 选项,此
时可以修改 Table View Controller 默认的大小了,如图 11-6 所示。

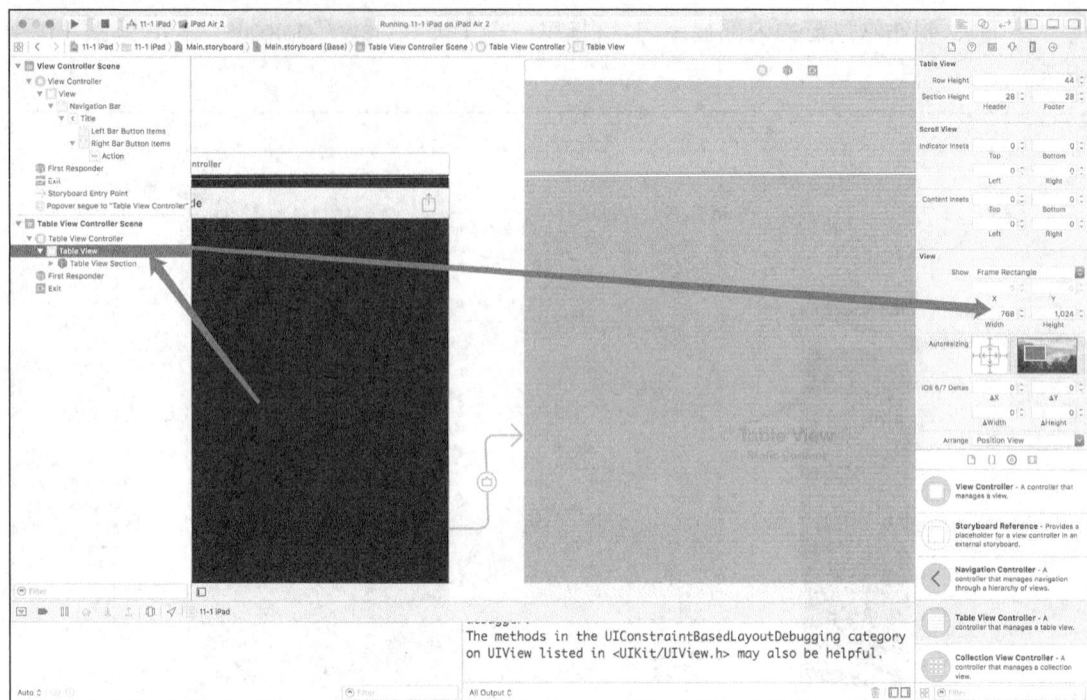

图 11-6　修改 Table View 大小

将 Table View 宽度设置为 300，高度 250。接下来制作悬浮窗的内容，如图 11-7 所示。

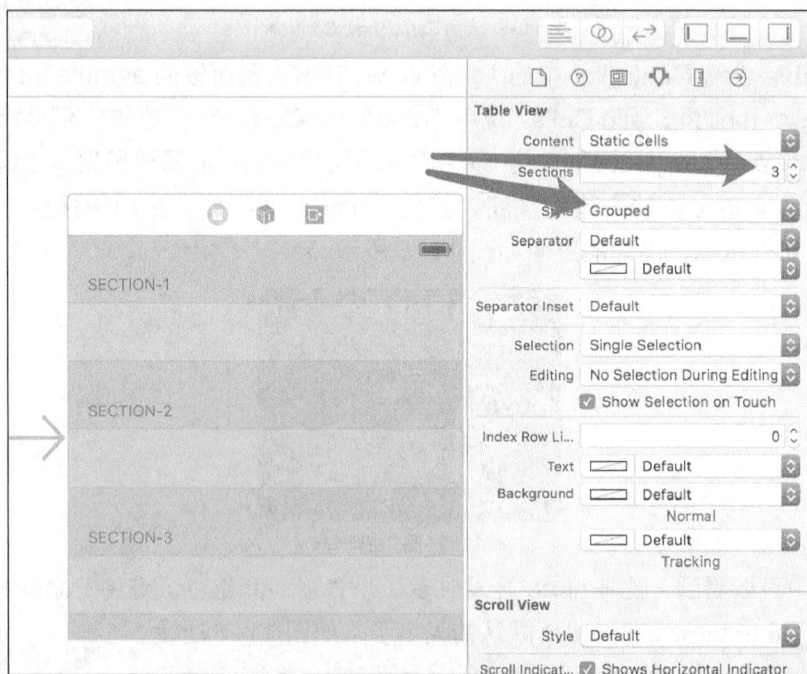

图 11-7　修改 table view 式样

先在左侧面板选中 Table View，再在图 11-7 中的 attribute inspector 窗口中将 Sections 设置为 3，Style 设置为 Grouped，再修改界面，最后 Table View 如图 11-8 所示。

　　此时按 command+R 运行，按下右上角的按钮，就可以看到这个悬浮窗了，如图 11-9 所示。

图 11-8　修正后的 table view

图 11-9　悬浮窗

　　可以看到，此时一行代码都没有写。如果用代码来实现的话，该怎么写呢？需要先把按钮的响应事件（segue）删除，如图 11-10 所示。

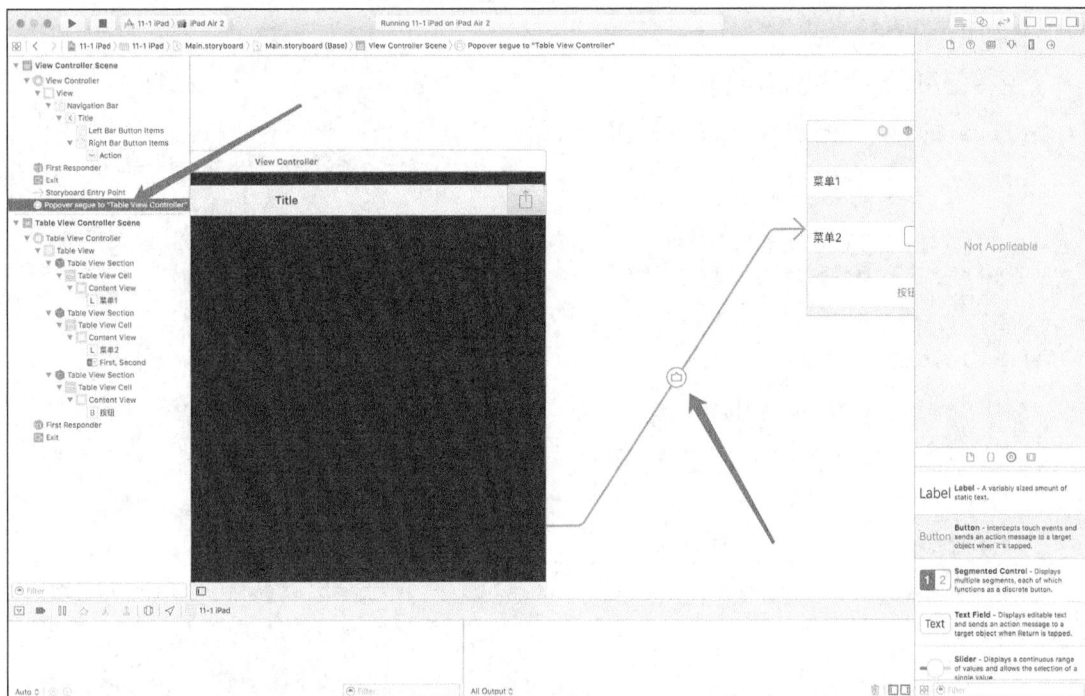

图 11-10　删除 segue

　　如图 11-10 所示，选中这个 segue，按 delete 键删除掉。然后打开 Assistant view 给右上角这个按钮指定响应事件方法，如图 11-11 所示。

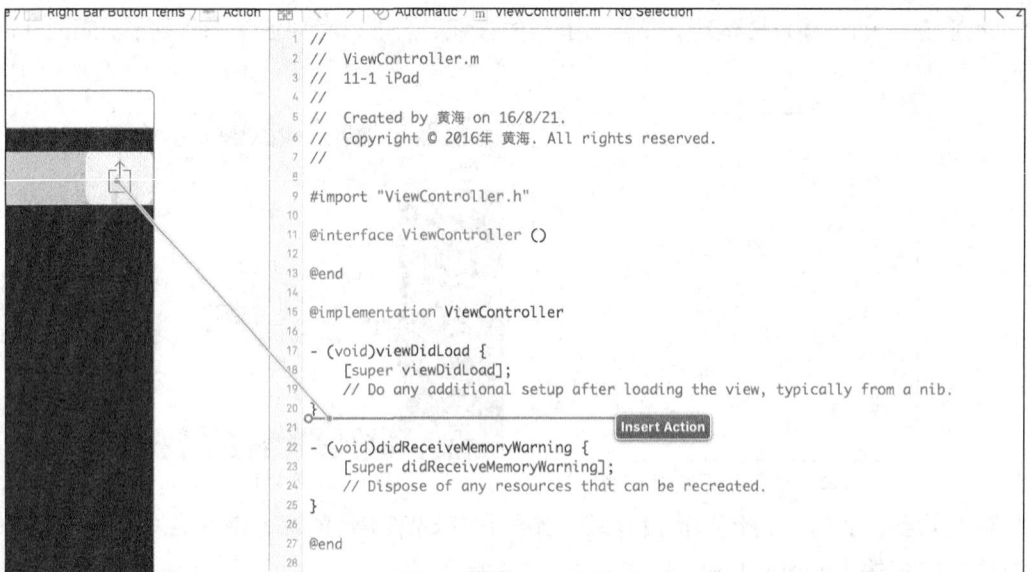

图 11-11　给按钮指定响应事件方法

其他代码如下所示。

```objc
@interface ViewController ()
@property (strong, nonatomic) UIPopoverController *popover;
@end


@implementation ViewController


- (void)viewDidLoad {
    [super viewDidLoad];
    // Do any additional setup after loading the view, typically from a nib.
}
- (IBAction)onClick:(id)sender {
    UIViewController *con = [self.storyboard instantiateViewControllerWith
Identifier:@"menuCon"];


    if (!_popover) {
        _popover = [[UIPopoverController alloc] initWithContentViewController:
con];
    }

    [_popover presentPopoverFromBarButtonItem:sender permittedArrowDirect
ions:UIPopoverArrowDirectionUp animated:YES];
    }
```

此处的 menuCon 即是之前给 table view controller 设置的 storyboard ID。此时可以直接运行，效果和之前的一样。

遗憾的是 UIPopoverController，从 iOS 9 开始被抛弃了，转而用 UIViewController 的 presentViewController 方法替代了。此时 onClick 方法可修改为如下代码。

```
- (IBAction)onClick:(id)sender {
    UIViewController *con = [self.storyboard instantiateViewControllerWith
Identifier:@"menuCon"];

//    if (!_popover) {
//        _popover = [[UIPopoverController alloc] initWithContentView Controller:con];
//    }
//        [_popover presentPopoverFromBarButtonItem:sender permittedArrow
Directions:UIPopoverArrowDirectionUp animated:YES];

    [self presentViewController:con animated:YES completion:nil];
}
```

此时运行效果和之前一样。

11.2.2　UISplitViewController 控制器

iPad 上常见这种界面，左边是目录，右边是内容，如图 11-12 所示。

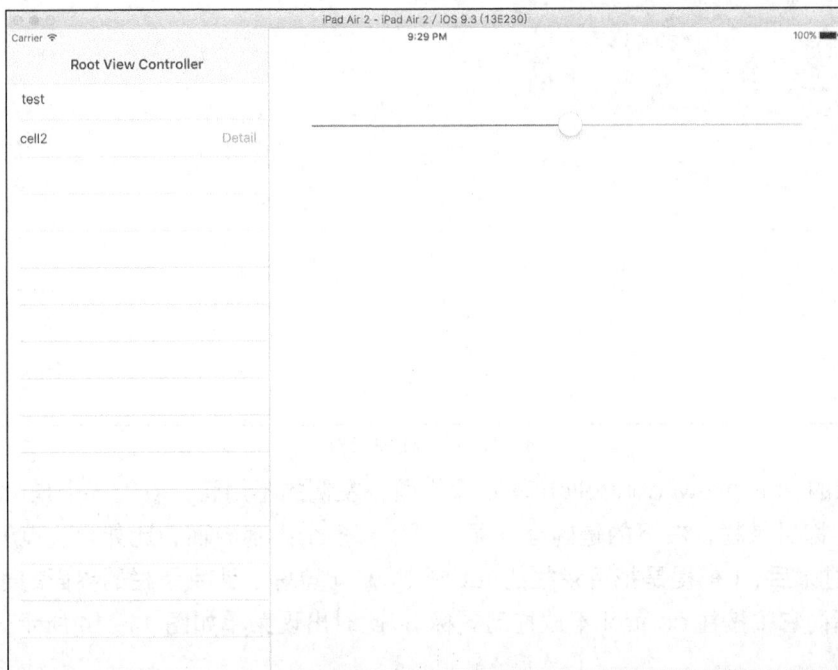

图 11-12　iPad 常见界面

这种界面即为 UISplitViewController 控制器所做。用 storyboard 制作 UISplitView Controller 十分简便，从 Xcode 右下面板的控件库中拖曳一个 split view controller 进来，基本上就可以用了，如图 11-13 所示。

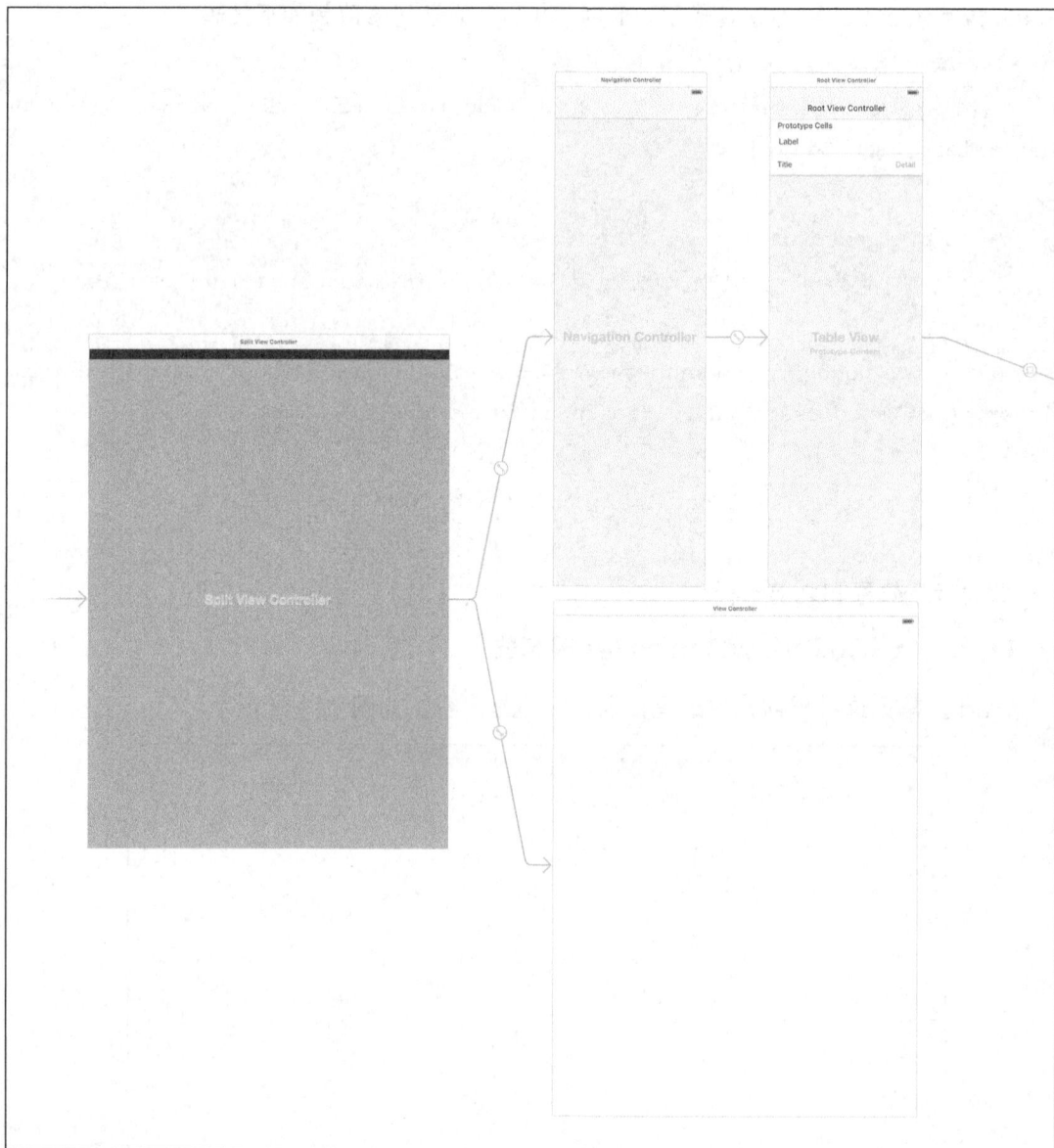

图 11-13　页面关系结构

拖出来的 split view controller 有 4 个界面，左侧的不用管，右上一个是 navigation controller，即目录栏，右下的是内容界面。可以有多个内容界面，比如再拖曳一个 view controller 进来后，（前提是把目录栏的 table view 配置好）让目录栏的界面的一个 table view cell 指向它（按住 control 不放拖动鼠标），此时出现菜单如图 11-14 所示。

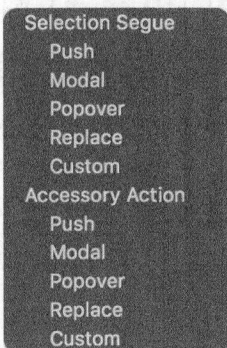

图 11-14　建立目录与内容界面关系菜单

　　选择 Replace 即可，意在替换原来的内容控制器。下面看怎么使用代码创建 UISplit ViewController：在项目属性中将 Main.storyboard 去掉，如图 11-15 所示。

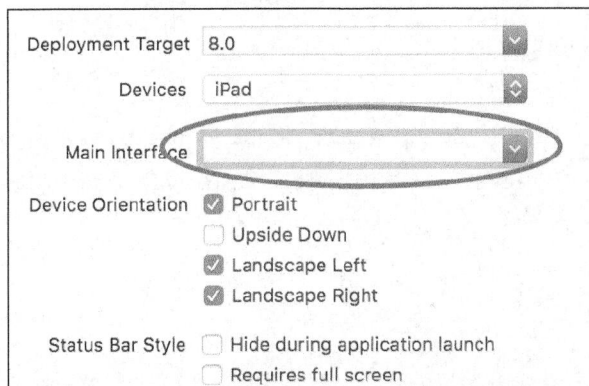

图 11-15　纯代码方式构建需要去掉 Main Interface 的内容

　　去掉之后，项目将不会使用 Main.storyboard，此时需要在 AppDelegate 中设置启动控制器，在 AppDelegate.m 文件中输入以下代码。

```
- (BOOL)Application:(UIApplication  *)Application  didFinishLaunchingWith
Options:(NSDictionary *)launchOptions {

    // Override point for customization after Application launch.

    _window = [[UIWindow alloc] initWithFrame:[UIScreen mainScreen].bounds];

    ViewController *con = [[ViewController alloc] init];

    _window.rootViewController = con;

    [_window makeKeyAndVisible];


    return YES;

}
```

其中 ViewController 的父类改为 UISplitViewController，如以下代码所示。

```
@interface ViewController : UISplitViewController
```

同时新建两个 UIViewController 子类，用作目录控制器和内容控制器，分别为 Directory TableViewController 和 ContentViewController，然后在 ViewController.m 中输入以下代码。

```
@interface ViewController ()
<UISplitViewControllerDelegate>

@end

@implementation ViewController

- (void)viewDidLoad {
    [super viewDidLoad];
    // Do any additional setup after loading the view, typically from a nib.
    self.viewControllers = @[[DirectoryTableViewController new], [Content
ViewController new]];
    self.delegate = self;
}

- (void)splitViewController:(UISplitViewController *)svc willChangeTo
DisplayMode:(UISplitViewControllerDisplayMode)displayMode
{
    NSLog(@"display mode:%ld",(long)displayMode);
}

@end
```

self.viewControllers 属性是一个控制器数组，只包含两项，第 1 项是左侧的目录控制器，第 2 项是右侧的内容控制器。当 iPad 横屏竖屏切换时，UISplitViewController 也会跟着改变，横屏下目录控制器会总是出现，竖屏则不出现，此时可以从左边屏幕边缘用手势往右滑，目录控制器可滑出屏幕显示。此种事件，可在代理方法中完成，即上述代码之 UISplitViewControllerDelegate 协议。

由此可见，制作 UISplitViewController 还是比较简单的，本章将不再介绍。

11.3　小结与作业

　　iPad 的开发与 iPhone 略有不同，因为屏幕更大，设计自然不一样，有些界面元素更适合在同一个界面显示，而在 iPhone 上就更适合在另一个界面上显示。因此有一些 API 是 iPad 专有。

　　作业：

1. 尝试将本章例子理解的情况下，不看本章代码自己做一遍。

2. 将前几章学过的控件，尝试制作新项目在 iPad 上运行一下，看看有什么差别。

Chapter

12

Development of iOS App

第 12 章
数据存储

12.1　文件保存与恢复

12.1.1　沙盒机制

众所周知 iOS 系统是一个比较安全的系统，只要不"越狱"，只通过 App Store 安装 App（不通过非正规渠道安装），基本上安全没有问题。像 360，各类安全管家类 App，在安卓系统上基本都可以肆意妄为，但是在 iOS 系统中，通过 App Store 安装后，却只能本本分分地做事，还有诸多的限制，这就是因为 iOS 的安全方面的考虑和设计导致的，其中一个重要的机制，就是沙盒机制。

什么是沙盒？相当于一个文件系统监狱，App 被限制在这个监狱中，对监狱外的事物（也就是文件）一无所知。每个 App 都是一个隔离的沙盒，彼此之间不能访问，老死不相往来。

假如安装了两个视频播放器，各自播放的文件只能自己访问，不能访问对方的文件，如果需要访问，必须通过用户的授权，然后复制一份过去。

这种机制，虽然增强了安全性，却也给文件共享带来很大的麻烦，事实上在 iOS 系统上就没有文件管理器，就是因为沙盒机制的作用。

沙盒的目录结构如下。

默认情况下，每个沙盒含有 3 个文件夹：Documents、Library 和 tmp。因为应用的沙盒机制，应用只能在几个目录下读写文件。

（1）Documents：苹果建议将程序中建立的或在程序中浏览到的文件数据保存在该目录下，iTunes 备份和恢复的时候会包括此目录。

（2）Library：存储程序的默认设置或其他状态信息。

（3）Library/Caches：存放缓存文件，iTunes 不会备份此目录，此目录下文件不会在应用退出时删除。

（4）tmp：提供一个即时创建临时文件的地方。

iTunes 在与 iPhone 同步时，备份所有的 Documents 和 Library 文件。

iPhone 在重启时，会丢弃所有的 tmp 文件。

这些文件夹路径，必须通过专用的方法来获取，获取到的路径字符串，前面有一串随机字符串，每次重启 iOS 后这一串随机字符串都不相同，因此保存这个路径是没有用的，必须严格按照方法来重新获取路径。

获取沙盒访问路径的具体方法，见 12.1.2 节。

12.1.2　数据类（NSArray、NSDictionary 等）的保存与恢复

保存数据的步骤如下。

（1）从沙盒获取一个保存数据的路径。

（2）将数据写入对应的路径。

从沙盒获取路径基本函数简介(注意，前两个是全局函数，不是某个类的方法)。

1.NSString * NSHomeDirectory (void);

返回值是主目录。在 iOS 中表示当年打开程序的沙盒的主目录。

2.NSArray * NSSearchPathForDirectoriesInDomains (NSSearchPathDirectory directory, NSSearchPathDomainMask domainMask, BOOL expandTilde);

返回值：是一个字符串数组，保存查找到的当前目录。

第一个参数类型：NSSearchPathDirectory 表示要查找的目录。

第二个参数类型：NSSearchPathDomainMask 是一个根目录，用来指定查找范围，其定义的代码如下所示。

```
enum {
  NSUserDomainMask  = 1,
  NSLocalDomainMask  = 2,
  NSNetworkDomainMask  = 4,
  NSSystemDomainMask  = 8,
  NSAllDomainsMask  = 0x0ffff ,
};
typedef NSUInteger  NSSearchPathDomainMask;
```

第三个参数类型：BOOL 表示是否展开目录的波浪号，通常是 YES。

3.-(NSString *)stringByAppendingPathComponent:(NSString *)aString

该函数用来连接字符串，并且只能作用在文件路径上。

如果文件名为"AyaseEli.plist"添加到相应的路径会有不同的表现。

"/tmp/" ----------> /tmp/AyaseEli.plist

"/tmp" ----------> /tmp/AyaseEli.plist

"/"---------->/AyaseEli.plist

"" ---------->AyaseEli.plist

4.-(BOOL)writeToFile:(NSString *)path atomically:(BOOL)atomically

返回值：YES 表示写入成功，否则为 NO。

第一个参数：(NSString *)path 表示要写入的路径，path 为路径+文件名。

第二个参数：(BOOL)atomically YES 表示数据写入一个备用的文件。也就是保存要保存的文件改名了，改成 path 路径中的文件名。否则就保存原始文件名。

NSArray 和 NSDictionary 保存的文件格式其实是 xml 文档，后缀名要用"plist"，也就是苹果常用的 plist 文档。下面是将 NSArray 和 NSDictionary 对象保存为 plist 文档的代码示例。

```
/*
在界面上添加两个按钮
```

1）其中一个将 NSArray 写入文档目录

2）另一个将 NSDictionary 写入文档目录

写入文件的步骤：

1. 确定文件路径

2. 将内容写入文件

不过，要写入 plist 文件，数据类型是有限制的：NSInteger，CGFloat，NSString，NSDate
*/

```
- (void)viewDidLoad
{
    [super viewDidLoad];

    UIButton *button1 = [UIButton buttonWithType:UIButtonTypeRoundedRect];
    [button1 setFrame:CGRectMake(110, 100, 100, 40)];
    [button1 setTitle:@"数组" forState:UIControlStateNormal];
    [button1 addTarget:self action:@selector(writeArray) forControlEvents:UIControlEventTouchUpInside];
    [self.view addSubview:button1];

    UIButton *button2 = [UIButton buttonWithType:UIButtonTypeRoundedRect];
    [button2 setFrame:CGRectMake(110, 200, 100, 40)];
    [button2 setTitle:@"字典" forState:UIControlStateNormal];
    [button2 addTarget:self action:@selector(writeDict) forControlEvents:UIControlEventTouchUpInside];
    [self.view addSubview:button2];
}

#pragma mark - Actions
- (void)writeArray
{
    NSLog(@"写入数组");
    // 1. 定义数组
    NSArray *array = @[@1, @2, @3, @4];
```

```
    // 2. 确定要写入的位置
    NSArray  *documents  =  NSSearchPathForDirectoriesInDomains(NSDocument
Directory, NSUserDomainMask, YES);
    NSString *doc = documents[0]; // 这是苹果官方文档指定获取路径方法

    NSString *path = [doc stringByAppendingPathComponent:@"array.plist"];

    NSLog(@"%@", doc);

    // 3. 写入数组
    [array writeToFile:path atomically:YES];

    // 4. 写入一个字符串数组
    NSMutableArray *strArray = [NSMutableArray arrayWithCapacity:20];
    for (NSInteger i = 0; i < 20; i++) {
        NSString  *text  =  [NSString  stringWithFormat:@"itcast-%d",
arc4random_uniform(10000)];
        [strArray addObject:text];
    }

    NSString *strPath = [doc stringByAppendingPathComponent:@"str.plist"];
    [strArray writeToFile:strPath atomically:YES];
}

- (void)writeDict
{
    NSLog(@"写入字典");

    // 1. 实例化字典
    NSMutableDictionary *dict = [NSMutableDictionary dictionary];
    for (NSInteger i = 0; i < 20; i++) {
        NSString *keyName = [NSString stringWithFormat:@"key-%02d", i];

        NSMutableArray *array = [NSMutableArray array];
```

```
        NSInteger rnd = arc4random_uniform(10) + 5;
        for (NSInteger j = 0; j < rnd; j++) {
            NSString *text = [NSString stringWithFormat:@"itcast-%d",
arc4random_uniform(10000)];

            [array addObject:text];
        }

        [dict setValue:array forKey:keyName];
    }

    // 2. 写入文件
    NSArray *documents = NSSearchPathForDirectoriesInDomains(NSDocument
Directory, NSUserDomainMask, YES);
    NSString *path = [documents[0] stringByAppendingPathComponent:@"dict.
plist"];

    [dict writeToFile:path atomically:YES];
}
```

这是 NSArrayd 等对象的保存过程，自然也可以读取 plist 文件来恢复 NSArray、NSDictionary 对象，相关的方法如以下代码所示。

```
+ (nullable NSArray<ObjectType> *)arrayWithContentsOfFile:(NSString *)path;
+ (nullable NSArray<ObjectType> *)arrayWithContentsOfURL:(NSURL *)url;
- (nullable NSArray<ObjectType> *)initWithContentsOfFile:(NSString *)path;
- (nullable NSArray<ObjectType> *)initWithContentsOfURL:(NSURL *)url;
```

以上是 NSArray 类的方法，NSDictionary 有类似的方法，如下代码所示。

```
+ (nullable NSDictionary<KeyType, ObjectType> *)dictionaryWithContentsOf
File:(NSString *)path;
+ (nullable NSDictionary<KeyType, ObjectType> *)dictionaryWithContentsOfURL:
(NSURL *)url;
- (nullable NSDictionary<KeyType, ObjectType> *)initWithContentsOfFile:
(NSString *)path;
- (nullable NSDictionary<KeyType, ObjectType> *)initWithContentsOfURL:(NSURL
*)url;
```

这里的 path，可通过之前的代码来获取 plist 文件的路径来得到。url，是将这个路径包装成为 NSURL，一般用得少。

12.1.3　文件操作相关类

文件操作相关类可以通过 NSFileManager 来操作，NSFileManager 运用了单例模式，可以通过 [NSFileManger defaultManger] 得到这个单例。

NSFileManager 的一些相关操作。

（1）创建文件夹，如以下代码所示（代码中 documentDirectory 为通过沙盒获取到的目录）。

```
    NSString *myDirectory = [documentDirectory stringByAppendingPathComponent:
@"test"];
    BOOL ok = [fileManage createDirectoryAtPath:myDirectory withIntermediate
Directories:YES attributes:nil error:&error];
```

（2）取得一个目录下的所有文件名：（如上面的 myDirectory)可用。

```
    NSArray *file = [fileManager subpathsOfDirectoryAtPath: myDirectory error:
nil];
```

或

```
    NSArray *files = [fileManager subpathsAtPath: myDirectory ];
```

或

```
    NSArray *files=[fileManager    contentsOfDirectoryAtPath:documentDirectory
error:&error];
```

（3）读取某个文件。

```
    NSData *data = [fileManger contentsAtPath:myFilePath];//myFilePath 是包含完
整路径的文件名
```

或直接用 NSData 的类方法。

```
    NSData *data = [NSData dataWithContentOfPath:myFilePath];
```

（4）保存某个文件。

可以用 NSFileManager 的如下方法。

```
    - (BOOL)createFileAtPath:(NSString *)path contents:(NSData *)data attributes:
(NSDictionary *)attr;
```

或 NSData 的如下方法：

```
    - (BOOL)writeToFile:(NSString *)path atomically:(BOOL)useAuxiliaryFile;
    - (BOOL)writeToFile:(NSString *)path options:(NSUInteger)writeOptionsMask
error:(NSError **)errorPtr;
```

（5）字符串写入文件。

```
[str writeToFile:filePath atomically:YES encoding:NSUTF8StringEncoding error:
&error];

[NSString stringWithContentsOfFile: filePath];
```

（6）移动文件。

```
if ([fileMgr moveItemAtPath:filePath toPath:filePath2 error:&error] != YES){

// 移动失败处理

}
```

（7）删除文件。

```
if ([fileMgr removeItemAtPath:filePath2 error:&error] != YES) {

// 删除失败处理

}
```

（8）判断是否是文件夹。

```
BOOL isDir = NO;

[fileManager fileExistsAtPath:path isDirectory:(&isDir)];

 if (isDir) { ... }
```

（9）以下代码用于获取本机上的文件资源或图片（用于 Mac OS，如果用于 iOS，须改用沙盒方法获取文件路径。

```
// 获取文本:

NSFileManager *fileManager=[NSFileManager defaultManager];

NSData   *data=[fileManager   contentsAtPath:@"/Developer/Documentation/wx
Widgets/docs/lgpl.txt"];

NSString *string=[[NSString alloc]initWithData:data encoding:NSUTF8String
Encoding];

NSLog(@"%@",string);


// 获取图片:

NSData  *myData=[fileManager  contentsAtPath:@"/Users/ruby/Desktop/Photo1.
jpg"];

UIImage *myImage=[UIImage imageWithData:myData];

imageView.image=myImage;
```

12.2　内置数据库 sqlite3

12.2.1　概述

　　管理复杂的数据，当然是使用数据库最方便。iOS 平台的特点天生就决定了最适合使用内嵌的小型数据库系统，不需要联网，不需要作为服务，而是作为自带的一部分。Sqlite3 就被苹果嵌入到 iOS 系统作为默认可使用的嵌入式数据库。

　　需要注意的是，Sqlite3 库是一个 C 语言库，可用的都是 C 函数。

　　在 iOS 中使用 SQLite，需要加入 libsqlite3.tbd 的库，并引入 SQLite 的头文件，如下代码所示。

```
#import <sqlite3.h>
```

libsqlite3.tbd 的库可在项目设置中添加，如图 12-1 所示。

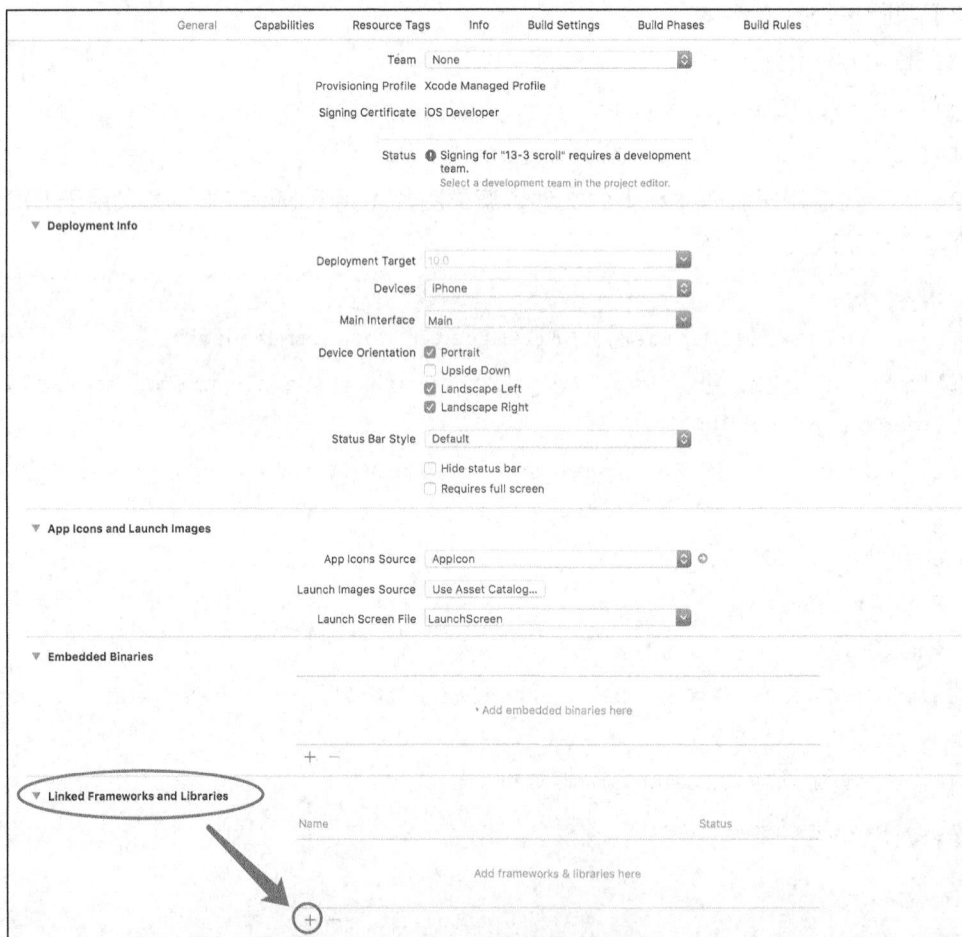

图 12-1　项目设置

单击+号后，在弹出的对话框中输入 sql 查找，结果如图 12-2 所示。

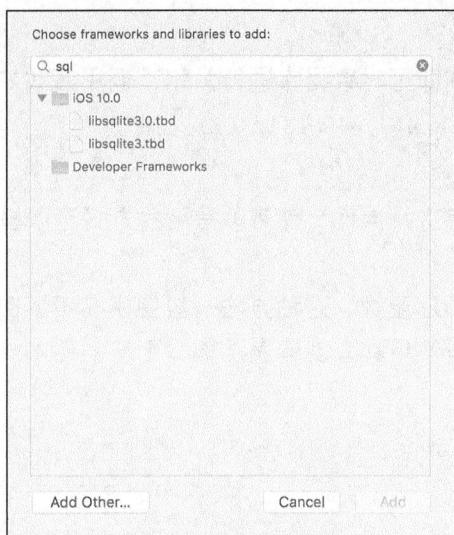

图 12-2　搜索 sqlite3 库

可以看到，有两个搜索结果，选择下面这个 libsqlite3.tbd，然后点右下角的 Add 按钮即添加完毕。

12.2.2　sqlite3 接口函数介绍

导入库和头文件之后，接下来的操作就是打开一个数据库。这时候需要调用 sqlite3_open 这个函数来打开一个数据库文件，此函数声明如下。

```
int sqlite3_open(
 const char *filename,  /* Database filename (UTF-8) */
 sqlite3 **ppDb          /* OUT: SQLite db handle */
);
```

其中第一个参数就是数据库所存放的路径，如果路径下没有数据库文件则系统会在此路径下创建一个数据库。至于第二个参数则是数据库的句柄引用，但此函数调用成功后此句柄将会保存打开数据库的句柄,此句柄在往后的数据库操作中需要用到。因此，可用如下方式调用。

```
NSString *dbPath=[NSString stringWithFormat:@"%@/Documents/demo.db",NSHome
Directory()];
sqlite3 *dbHandle;
if (sqlite3_open([path UTF8String], &dbHandle)==SQLITE_OK) {
 NSLog(@"打开数据库成功!");
}
```

打开的数据库在用完后，需要关闭，这也是个需要注意的良好习惯。当需要使用数据库的时候就执行 sqlite3_open 来打开数据库，等使用完数据库后就调用 sqlite3_close 函数来对数据库进行关闭。sqlite3_close 函数声明如下。

```
int sqlite3_close(sqlite3 *);
```

关闭时传入数据库句柄即可对数据库进行关闭，调用方式如下。

```
if(sqlite3_close(dbHandle)==SQLITE_OK)
    NSLog(@"关闭数据库成功!");
```

接下来是如何对数据库进行操作，有两种常用的方式可以操作数据库中的数据和调整结构。

第一种就是 sqlite3_exec 函数，这种方法一般使用在不返回数据集的情况，也就是说少用于查询类的操作，一般使用其来创建表结构、更新、插入或者删除操作。先来看看此方法的声明。

```
int sqlite3_exec(
  sqlite3*,                          /* An open database */
  const char *sql,                   /* SQL to be evaluated */
  int (*callback)(void*,int,char**,char**),  /* Callback function */
  void *,                            /* 1st argument to callback */
  char **errmsg                      /* Error msg written here */
);
```

第一个参数就是打开数据库的句柄了，第二个参数就是 SQL 语句，第三个参数为回调方法的函数指针，一旦指定此参数后，当执行语句为查询语句时则在枚举记录集时会对调此方法。第四个参数则为回调的第一个参数引用。第五个参数是一个指向指针的指针，用来保存方法执行异常时返回的错误的描述信息。

第二种就是使用 sqlite3_prepare_v2 和 sqlite3_step 两个函数搭配着进行操作。其中 sqlite3_prepare_v2 是一个将 SQL 语句编译为 sqlite 内部一个结构体(sqlite3_stmt)。该结构体中包含了将要执行的 SQL 语句的信息。而 sqlite3_step 则是让转化后的 SQL 进行下一步的操作。因此通过这两个函数可以很方便地获取到数据库中的数据。建议使用此方式取得记录集。下面是这两个函数的声明。

```
int sqlite3_prepare_v2(
  sqlite3 *db,            /* Database handle */
  const char *zSql,       /* SQL statement, UTF-8 encoded */
  int nByte,              /* Maximum length of zSql in bytes. */
  sqlite3_stmt **ppStmt,  /* OUT: Statement handle */
  const char **pzTail     /* OUT: Pointer to unused portion of zSql */
);
```

第一个参数就是打开数据库时的数据库句柄对象。第二个参数就是 SQL 语句。第三个参数是用于指定 SQL 语句最大的长度，如果此参数为负数，则根据第二个参数中的第一个终结符为准作为一条完整的语句。如果为非负数，则以第二个参数的第一个终结符（\000

或 \u0000）或者指定的数字为准作为一条完整语句。第四个参数则是调用函数后返回的一个结构体，此结构体包含了相关语句的信息。关于第五个参数是用于指向前一条语句结束位置，一旦指定此参数，则参数指向位置的左边语句将不进行编译解析。

```
sqlite3_step (sqlite3_stmt *);
```

传入参数即为之前所述 sqlite3_prepare_v2 函数中返回的结构体对象（第四个参数）。

例子一：创建数据表。

要想让数据库能够存储数据，那就必须创建一个数据表才能进行数据操作。而数据表可以包含不同的数据字段，这些字段可以指定不同的数据类型，存储不同的数据。建表时可以根据需要进行创建。下面代码创建了一个叫作 persons 的数据表，其包含两个字段 id 和 name。其 SQL 语句为：create table if not exists persons (id integer primary key autoincrement,name);代码如下所示。

```
char *errorMsg;
if (sqlite3_exec(_database, "create table if not exists persons (id integer primary key autoincrement,name);", NULL, NULL, &errorMsg)!=SQLITE_OK)
{
    NSLog(@"操作失败!");
}
sqlite3_free(errorMsg);
```

要注意的一点是，如果有传入 errorMsg 参数，那么必须在执行完 sqlite3_exec 后，执行 sqlite3_free 函数来释放 errorMsg。否则就会造成内存泄露。

例子二：插入、更新、删除数据。

通过上面的例子创建了一个数据表后，接下来可以往里面插入数据，可以使用 insert 语句将数据插入表中，代码如下所示。

```
char *errorMsg;
if (sqlite3_exec(_database, "insert into persons(name) values('张三');", NULL, NULL, &errorMsg)!=SQLITE_OK) {
    NSLog(@"操作失败!");
}
sqlite3_free(errorMsg);
```

上面所做的事情就是把一个名叫张三的数据插入了数据表 persons 中。实现非常方便，但是不安全，因为 SQL 语句中要插入的数据是拼合到 SQL 语句中的，这样很容易造成注入问题，因此，可以改用下面的方法来实现。

```
sqlite3_stmt *statement;
if (sqlite3_prepare_v2(_database, [@"insert into persons(name) values(?);" UTF8String], -1, &statement, NULL)!=SQLITE_OK) {
```

```
        return;
    }
    //绑定参数
    const char *text=[@"张三" cStringUsingEncoding:NSUTF8StringEncoding];
    sqlite3_bind_text(statement, index, text, strlen(text), SQLITE_STATIC);

    if (sqlite3_step(statement)!=SQLITE_DONE) {
        sqlite3_finalize(statement);
        return;
    }
    sqlite3_finalize(statement);
```

推荐使用参数进行数据查询和操作，这样可以保证读写数据的正确性和提高安全性。对于更新数据和删除数据的调用方式和插入数据一样，只是 SQL 语句的差异，其中更新数据使用 Update 语法，而删除表数据则使用 Delete 语法。

有了数据后，便可以进行读取操作，如下代码所示。

```
    NSString *sql = [NSString stringWithFormat:@"SELECT * FROM person"];
    sqlite3_stmt *statement;
    if (sqlite3_prepare_v2(database, 1, -1, &statement, NULL) == SQLITE_OK)
    {
    while (sqlite3_step(statement) == SQLITE_ROW)
    {
        NSString *strValue = [NSString stringWithUTF8String:(char*)sqlite3_
column_text(statement, 0)];
        int intValue = sqlite3_column_int(statement, 1);
    }
    }
    sqlite3_finalize(statement);
```

读取数据表是由 sqlite3_prepare_v2 和 sqlite3_step 两个函数搭配完成的，通过循环一行一行地读取数据，其中 sqlite3_column_text(statement, 0)函数中的 0，指的是当前数据行第 1 列，也即 column_index（列索引）。Sqlite3_column_ 系列函数还有 sqlite3_column_int 等，用来获取不同数据类型的数据。

由此看来，sqlite3 原生提供的方法操作数据，因为是 C 语言的函数，使用起来还是多有不便的，因此就有了一些第三方库将其包装为 Objective C 语言的类，使得其操作大大简化，最著名使用也最广泛的库为 fmdb，在 github 上开源提供，网址是 https://github.com/ccgus/fmdb。其使用方法可参考其文档，因本书篇幅所限，不再赘述。

12.3 CoreData

从 12.2 节可以看到，sqlite 数据库虽然强大，但是编码操作却十分不便。CoreData 是苹果提供的对数据库操作的一个抽象与封装，使得管理数据可视化，变得很方便，其底层其实是用 sqlite 数据库实现的，下面阐述如何使用 CoreData 管理数据。

12.3.1 建立数据模型

先新建一个 Single View Application 项目（见随书源代码），要注意的是，在项目名称设置的对话框窗口下面，有一个 Use Core Data 的选项，这里必须勾选上，如图 12-3 所示。

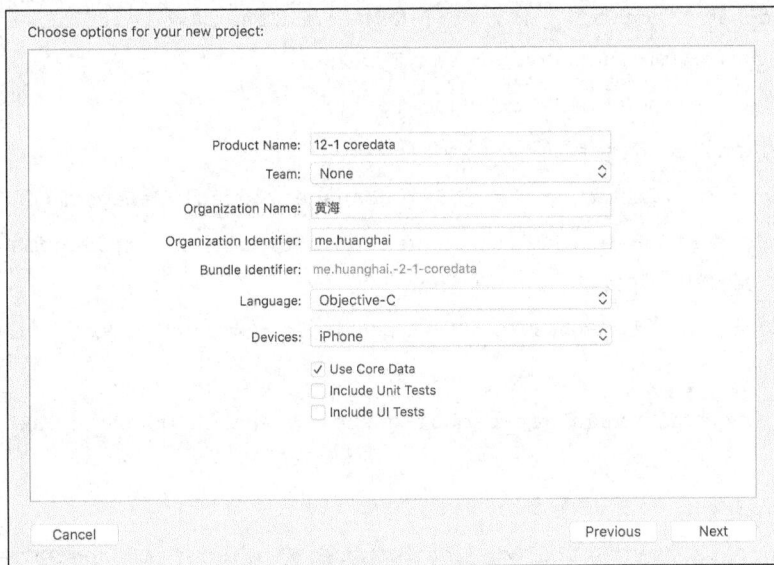

图 12-3　勾选上 Use Core Data

之后生成项目后，会发现 AppDelegate.h 文件多出了一些代码，如下所示。

```
@interface AppDelegate : UIResponder <UIApplicationDelegate>

@property (strong, nonatomic) UIWindow *window;

@property (readonly, strong) NSPersistentContainer *persistentContainer;

- (void)saveContext;

@end
```

这里面涉及了一些新类需要掌握。先看官方文档，Core Data 要用到 3 个基础类，分别如下。

（1）NSManagedObjectModel　　　　相当于实体类，对应数据库的表。

（2）NSPersistentStoreCoordinator　相当于数据库连接。

（3）NSManagedObjectContext　　　实体类各种操作的上下文。

官方文档给了一个 Core Data 初始化的代码示范，如下所示。

```objc
- (void)initializeCoreData
{
NSURL *modelURL = [[NSBundle mainBundle] URLForResource:@"DataModel"
withExtension:@"momd"];
NSManagedObjectModel *mom = [[NSManagedObjectModel alloc] initWithContents
OfURL:modelURL];
NSAssert(mom != nil, @"Error initializing Managed Object Model");


NSPersistentStoreCoordinator *psc = [[NSPersistentStoreCoordinator alloc]
initWithManagedObjectModel:mom];
NSManagedObjectContext *moc = [[NSManagedObjectContext alloc] initWith
ConcurrencyType:NSMainQueueConcurrencyType];
[moc setPersistentStoreCoordinator:psc];
[self setManagedObjectContext:moc];
NSFileManager *fileManager = [NSFileManager defaultManager];
NSURL *documentsURL = [[fileManager URLsForDirectory:NSDocumentDirectory
inDomains:NSUserDomainMask] lastObject];
NSURL *storeURL = [documentsURL URLByAppendingPathComponent:@"DataModel. sqlite"];


dispatch_async(dispatch_get_global_queue( DISPATCH_QUEUE_PRIORITY_DEFAULT,
0), ^(void) {
        NSError *error = nil;
        NSPersistentStoreCoordinator *psc = [[self managedObjectContext]
persistentStoreCoordinator];
        NSPersistentStore *store = [psc addPersistentStoreWithType:NSSQ
LiteStoreType configuration:nil URL:storeURL options:nil error:&error];
        NSAssert(store != nil, @"Error initializing PSC: %@\n%@", [error
localizedDescription], [error userInfo]);
    });
}
```

代码稍微有点复杂，但是基本过程就是 NSManagedObjectModel，NSPersistentStore
Coordinator，NSManagedObjectContext 这 3 个类的建立以及指定它们之间的关系，先
不要被这一段吓到，这是 iOS 10 以前的做法，从 iOS 10 开始，对这 3 个类进一步封装了
一下，这就是在 AppDelegate.h 文件中看到这个 NSPersistentContainer 类，有兴趣的话
可以自己研究一下。

Xcode 生成了一个 NSPersistentContainer 类的属性 persistentContainer，还有一个

配套的方法：saveContext。而且已经在 AppDelegate.m 文件中实现了这些方法，不必再编码，未来的操作，只需要用到 Xcode 生成的这两个东西。

除了 Xcode 生成的 CoreData 相关的代码，项目中还多了一个文件：_2_1_coredata.xcdatamodeld，选中它，如图 12-4 所示。

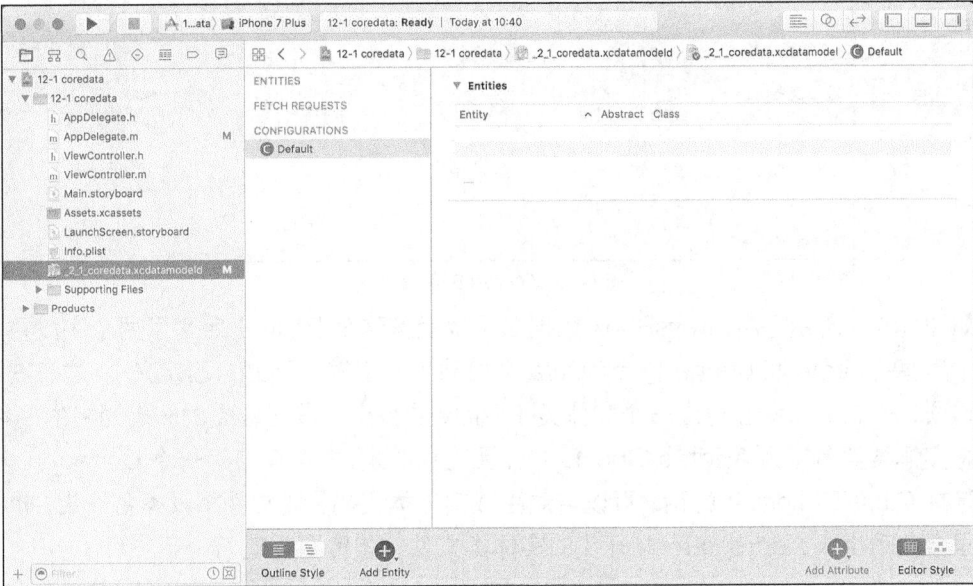

图 12-4　数据模型制作界面

这个界面就是制作数据模型的界面了。接下来定义数据表，也就是 Entity，如图 12-5 所示。

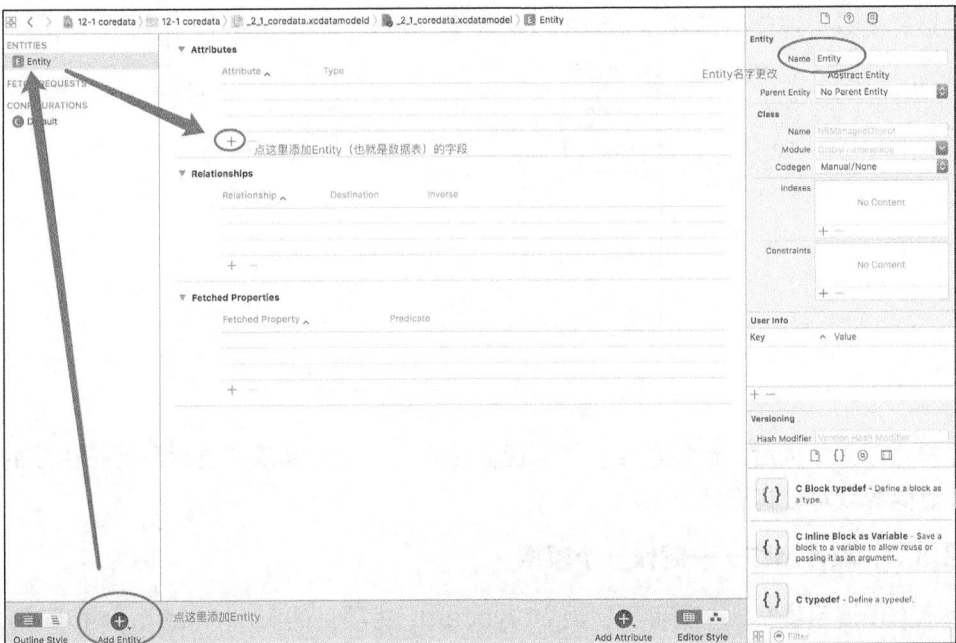

图 12-5　新建 Entity

制作一个通讯录的数据表，为简单化，只制作两个字段，Entity 名字改为 AddressBook，如图 12-6 所示。

图 12-6　AddressBook 数据表

如图 12-6 所示，AddressBook 数据表（也就是这个 Entity）定义了两个字段，均为 String 类型的 name 和 phone（CoreData 会自动生成主键，不必自己定义）。注意右侧窗口的选项，一个 Entity 会对应一个实体类（Entity 的每个字段对应类的一个同名的属性），这里将实体类类名定为 AddressBookEntity。要注意的是，右侧窗口有一个 Codegen 选项，这里选择 Class Definition 的话，可以自动生成实体类代码，类文件将以类名开头，也就是说这里会自动生成 AddressBook 开头的实体类文件，但需要先运行一下项目。

12.3.2　生成实体类

实体类是可以自动生成的，只需要知道生成的实体类是以图 12-6 右侧所示的类名开头的即可，项目必须运行一下才能自动生成。如果出了错误，可以尝试单击 Xcode 的 Editor 菜单，选择生成实体类的选项来手动生成实体类，如图 12-7 所示。

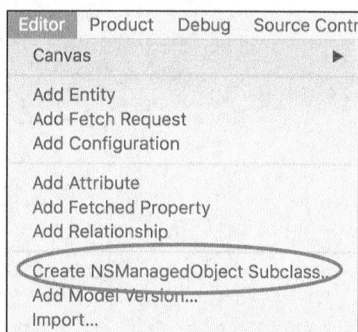

图 12-7　手动生成实体类

这样生成实体类后，运行项目，很可能会提示一个 link 错误，这时只要把生成的实体类文件删除掉就可以运行了。

12.3.3　项目制作——制作一个表格

为了方便演示项目，本项目不使用 storyboard，将项目的 Main Interface 那里的 Main 删除，如图 12-8 所示。

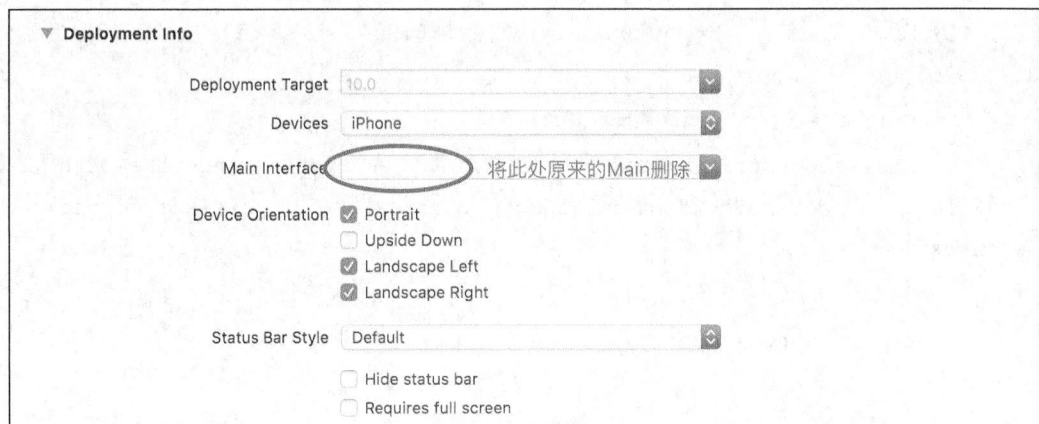

图 12-8　删除 Main

然后在 AppDelegate.m 文件中，编写代码如下。

```
- (BOOL)Application:(UIApplication *)Application didFinishLaunchingWith
Options:(NSDictionary *)launchOptions {
    // Override point for customization after Application launch.
    _window = [[UIWindow alloc] initWithFrame:[UIScreen mainScreen].bounds];
    ViewController *con = [[ViewController alloc] init];
    UINavigationController *nav = [[UINavigationController alloc] initWith
RootViewController:con];
    _window.rootViewController = nav;
    [_window makeKeyAndVisible];


    NSFetchRequest *req = [NSFetchRequest fetchRequestWithEntityName:@"
AddressBook"];
    NSError *err = nil;
    NSArray *data = [self.persistentContainer.viewContext executeFetch
Request:req error:&err];
    if (err) {
        NSLog(@"%@",err);
    }
    // 如果数据表中有数据，则返回，略过下面插入数据的代码。
    if (data.count > 0) {
        return YES;
    }


    NSArray<NSString *> *names = @[@"张三", @"李四", @"王五"];
```

```
    NSArray<NSString *> *phones = @[@"18612345678", @"18687654321", @"
18912348765"];

    for (int i = 0; i < names.count; i++) {
        AddressBookEntity *entity = [NSEntityDescription insertNewObjectFor
EntityForName:@"AddressBook" inManagedObjectContext:self. persistentContainer.
viewContext];

        entity.name = names[i];
        entity.phone = phones[i];
    }
    [self saveContext];


    return YES;
}
```

此处除了建立 UIWindow 窗口，将 ViewController 控制器作为主显示界面的例行代码外，还通过 NSFetchRequest 类来检查数据表 AddressBook 中有没有数据，没有的话，通过 NSEntityDescription 类 的 insertNewObjectForEntityForName:inManagedObject Context:f 方法来插入 3 条新的数据，插入完毕要调用 Xcode 为我们生成的 saveContext 方法来保存数据，这样数据表中就有数据了。

接下来用一个 UITableView 来展示数据表的数据：先在 ViewController.h 文件中修改 ViewController 类的父类为 UITableViewController，然后再在 ViewController.m 文件中编写如下所示代码。

```
#import "ViewController.h"
#import <CoreData/CoreData.h>
#import "AppDelegate.h"
#import "AddressBookEntity+CoreDataClass.h"


@interface ViewController ()
{
    NSArray<AddressBookEntity *> *data;
}
@end


@implementation ViewController


- (void)viewDidLoad {
```

```
    [super viewDidLoad];
    // Do any additional setup after loading the view, typically from a nib.
    NSFetchRequest *req = [NSFetchRequest fetchRequestWithEntityName:@"
AddressBook"];
    NSError *err = nil;
    AppDelegate *App = (AppDelegate *)[[UIApplication sharedApplication]
delegate];
    NSArray *d = [App.persistentContainer.viewContext executeFetchRequest:
req error:&err];
    if (err) {
        NSLog(@"%@",err);
    }else{
        data = d;
    }
}


- (NSInteger)tableView:(UITableView *)tableView numberOfRowsInSection:
(NSInteger)section
{
    return data.count;
}


- (UITableViewCell *)tableView:(UITableView *)tableView cellForRowAtIndex
Path:(NSIndexPath *)indexPath
{
    UITableViewCell *cell = [[UITableViewCell alloc] initWithStyle:UITable
ViewCellStyleValue1 reuseIdentifier:nil];
    AddressBookEntity *entity = data[indexPath.row];
    cell.textLabel.text = entity.name;
    cell.detailTextLabel.text = entity.phone;
    cell.accessoryType = UITableViewCellAccessoryDisclosureIndicator;

    return cell;
}
```

此处通过 NSFetchRequest 类来获取 AddressBook 表中所有数据,赋值给 data 变量,再在 tableView 的数据源代理方法中展示获取到的数据。运行项目，结果如图 12-9 所示。

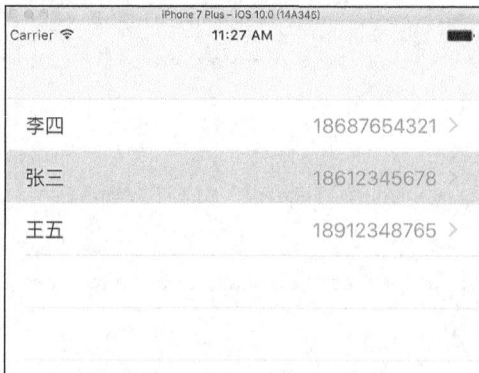

图 12-9　展示 AddressBook 数据

由此可看到，CoreData 简单的使用还是比较方便的。这个项目演示了数据的插入和查询，还缺了更改和删除，因此在 ViewController 中附上了更改和删除 AddressBook 的两个方法，代码如下所示。

```
- (void)updateAddressBook
{
    // 改变张三的电话为18611111111


    // 1.查找到张三
    // 1.1FectchRequest 抓取请求对象
    NSFetchRequest *request = [NSFetchRequest fetchRequestWithEntityName:@"AddressBook"];


    // 1.2 设置过滤条件
    // 查找张三
    NSPredicate *pre = [NSPredicate predicateWithFormat:@"name = %@", @"张三"];

    request.predicate = pre;


    // 1.3 执行请求
    AppDelegate *App = (AppDelegate *)[[UIApplication sharedApplication] delegate];
    NSArray *abs = [App.persistentContainer.viewContext executeFetchRequest:request error:nil];


    // 2.更新号码
```

```
    for (AddressBookEntity *e in abs) {
        e.name = @"18611111111";
    }


    // 3.保存
    [App saveContext];
}


- (void)deleteAddressBook
{
    // 删除 李四


    // 1.查找李四
    // 1.1FectchRequest 抓取请求对象
    NSFetchRequest *request = [NSFetchRequest fetchRequestWithEntityName:@"
AddressBook"];


    // 1.2 设置过滤条件
    // 查找李四
    NSPredicate *pre = [NSPredicate predicateWithFormat:@"name = %@",
                    @"李四"];
    request.predicate = pre;


    // 1.3 执行请求
    AppDelegate *App = (AppDelegate *)[[UIApplication sharedApplication]
delegate];
    NSArray *abs = [App.persistentContainer.viewContext executeFetchRequest:
request error:nil];


    // 2.删除
    for (AddressBookEntity *e in abs) {
        [App.persistentContainer.viewContext deleteObject:e];
    }


    // 3.保存
```

```
    [App saveContext];
  }
```

由以上代码可知，数据表的 CURD 操作增删改查，用 CoreData 做都是非常简单易懂的，Xcode 生成了一些方法，只要会去调用就足够了。

12.4 小结与作业

本章阐述了 iOS 数据存储的相关内容，分为文件操作、内置数据库 sqlite3 以及 Core Data 的使用。简单的数据存储，可使用文件，要注意沙盒机制；复杂的数据存储可使用 sqlite3，只是其库函数使用并不方便，而第三方库 FMDB 将其包装后使用较为方便。Core Data 是苹果推荐使用的数据存储方式，其底层目前是用 sqlite3 实现，使用比 sqlite3 简便。

作业：

1. 尝试制作小说阅读器 App,将小说存储为 txt 文件，读取并展示。
2. 尝试制作简单通讯录，用 sqlite3 来管理通讯录数据，包括增删改查各项功能。
3. 尝试用 Core Data 将第二题重新实现一次，并比较 sqlite3 和 Core Data 的差异。

Chapter

13

第 13 章
触摸与手势

Development of iOS App

13.1　触摸与手势概述

　　触摸和手势操作是 iOS 系统的精华所在。2007 年 iPhone 横空出世时，乔布斯演示的手势操作震撼了当时发布会在场的几乎所有人，没有人想到手机还能这么操作。直观而易理解的手势，极大地提高了手机操作的便利性。

　　iOS 系统的手势识别和反应编程极其便利，只要寥寥数行代码即可建立手势操作和响应，或者也可以在 Storyboard 中用拖曳控件的方法建立手势识别器，如图 13-1 所示。

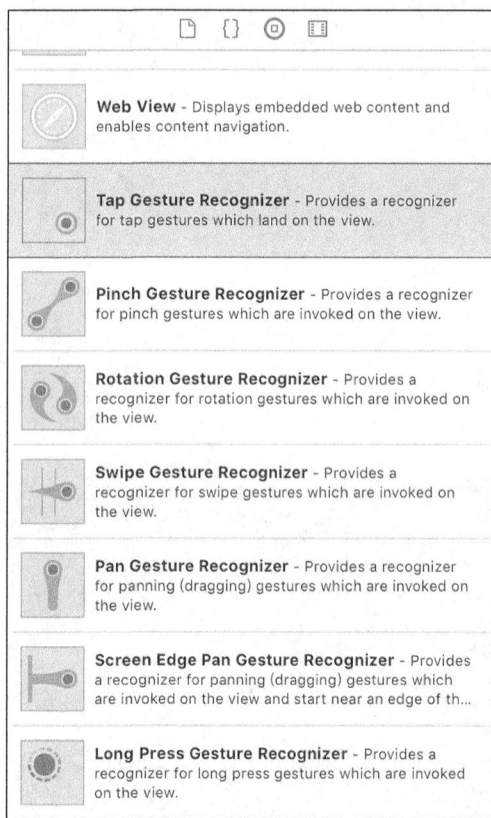

图 13-1　手势识别器

　　这些手势识别器，对应的是 UIGestureRecognizer 的若干子类，比如 UITapGestureRecognizer（轻拍手势识别器），UILongPressGestureRecognizer（长按手势识别器），UIPinchGestureRecognizer（捏拉缩放手势识别器），UIRotationGestureRecognizer（旋转手势识别器），UIPanGestureRecognizer（拖曳手势识别器）等。这些类，可以按 Command 单击查看其头文件，会发现定义都很简单，暴露的方法很少，使用相当方便。

13.2 点按手势

13.2.1 点按手势概述

点按手势，即轻拍屏幕的手势，可以用 1 个或多个手指轻拍一下、两下或者是数下。轻拍手势常常用来给一些不能够响应单击事件的控件添加响应单击事件的能力，或者制作复杂的轻拍手势，比如 2 个手指连拍 2 下，等等。轻拍手势必须是短促的单击，如果单击时间过长，就不再是轻拍手势，而变成了长按手势。

13.2.2 项目制作——制作"按钮"

先用故事板制作，新建项目 13-1，选择 Single View Application，建完后在 Main.storyboard 中给当前 view controller 拖一个 UILabel 上去，如图 13-2 所示。

图 13-2　拖一个 UILabel 控件

然后从 Xcode 右下方的控件库中拖曳一个 Tap Gesture Recognizer 到这个 UILabel 上，如图 13-3 所示。

图 13-3　拖曳 Tap Gesture Recognizer

拖曳完后就看不到这个识别器了，它会显示在 storyboard 左侧的目录中，如图 13-4 所示。

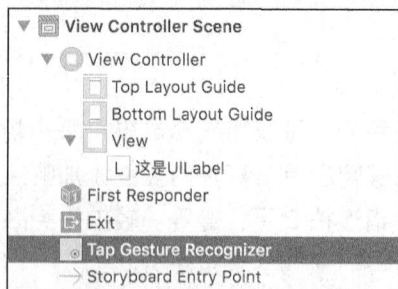

图 13-4　手势识别器所在的位置

从图 13-4 中根本看不出来这个 Tap Gesture Recognizer 属于哪一个控件，选中这个识别器，在 Xcode 右上方窗口的 Connection inspector 窗口中可以看到关系，如图 13-5 所示。

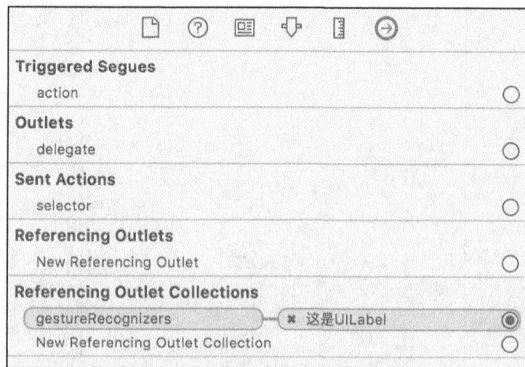

图 13-5　查看手势识别器绑定的控件

从图 13-5 可以看到，这个 Tap Gesture Recognizer 绑定到了"这是 UILabel"控件，也就是图 13-2 所拖曳的这个 Label 控件。在这个窗口里，也可以点叉号将这个关系解除，再另行绑定控件。读者不妨尝试。

除了查看绑定关系，在 attibute inspector 窗口中还能查看和定制轻拍手势的具体参数，如图 13-6 所示。

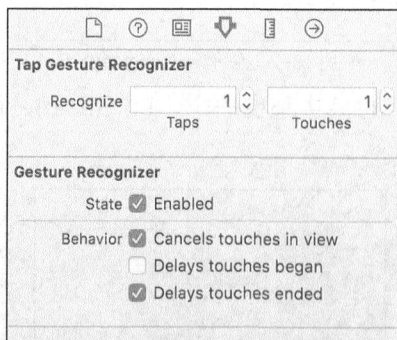

图 13-6　查看 Tap Gesture Recognizer 属性

图 13-6 中主要关心的是第一行的这个 Taps 和 Touches 数字，默认是 1 Taps，1 Touches，意思是 1 个手指，轻拍 1 次。Taps 代表连续轻拍的次数（间隔时间必须要短），Touches 代表用几个手指轻拍。

接下来编写代码来实现轻拍手势的响应方法。单击 Xcode 右上角的双圈按钮，如图 13-7 所示。

图 13-7　打开双窗口

选中 Tap Gesture Recognizer，按住 control 建，拖动至代码中，如图 13-8 所示。

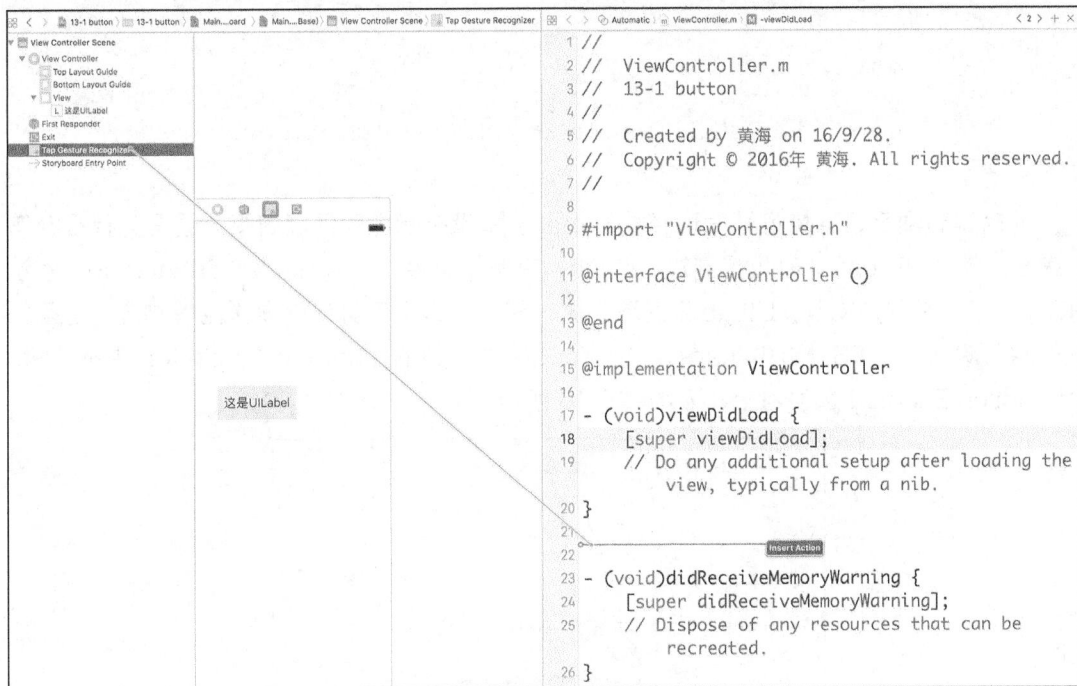

图 13-8　建立代码关系

给响应方法起名"onTap"，参数 Type 选为 UITapGestureRecognizer，单击 Connect 按钮，如图 13-9 所示。

图 13-9　建立响应方法

然后输入以下代码。

```
- (IBAction)onTap:(UITapGestureRecognizer *)sender {
    UIAlertController *alert = [UIAlertController alertControllerWithTitle:
@"温馨提示" message:@"您轻拍了 label!" preferredStyle:UIAlertControllerStyle
Alert];
    [alert addAction:[UIAlertAction actionWithTitle:@"取消" style:UIAlert
ActionStyleCancel handler:nil]];
    [alert addAction:[UIAlertAction actionWithTitle:@"确定" style:UIAlert
ActionStyleDestructive handler:^(UIAlertAction * _Nonnull action) {

    }]];

    [self presentViewController:alert animated:YES completion:nil];
}
```

此时运行项目，会惊讶地发现轻拍 Label 根本没有响应。仔细回想，这是为什么？第
5 章 5.2 节讲 UIControl 时候提到过，UIView 有一个属性：userInteractionEnabled，默认
NO，为不接受用户交互。UILabel 继承了这个属性，为了手势识别操作能够响应，必须把
这个属性设置为 YES。选中 Label，在 Xcode 右上角的 attribute inspector 中将 User
Interaction Enabled 选项勾上，如图 13-10 所示。

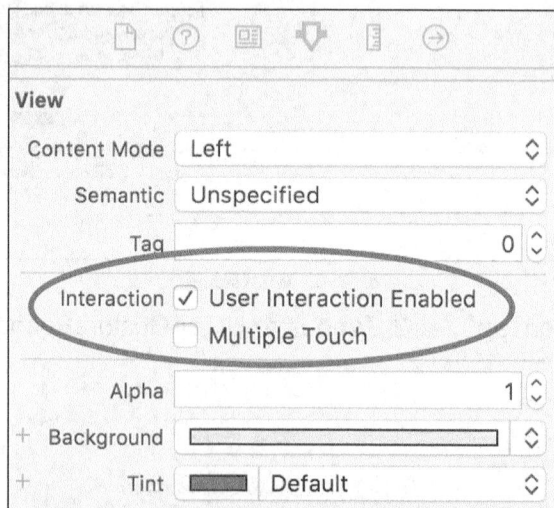

图 13-10　允许 Label 进行用户交互

勾上后重新运行项目，单击 Label，即弹出警告框，如图 13-11 所示。

图 13-11　轻拍手势响应

由此可以看出，利用手势，可以轻松地用 UILabel 来模拟 UIButton。

13.3　捏拉缩放与旋转手势

13.3.1　捏拉缩放与旋转手势概述

iOS 自带的相册，使用起来可以用手势捏拉缩放，很方便地控制图片的大小，初次接触这种操作时，笔者是感觉很震撼的，但是其制作却又是十分简单。需要用到 UIPinchGestureRecognizer 类。

iOS 相册图片虽然可以捏拉缩放，却不能够旋转。完全可以自动动手添加旋转手势识别，给图片显示增加旋转手势操作。

13.3.2　项目制作——制作图片查看器

先新建 Single View Application 项目，转到 Main.storyboard，在当前 view controller 中拖入一个 Image View，如图 13-12 所示。

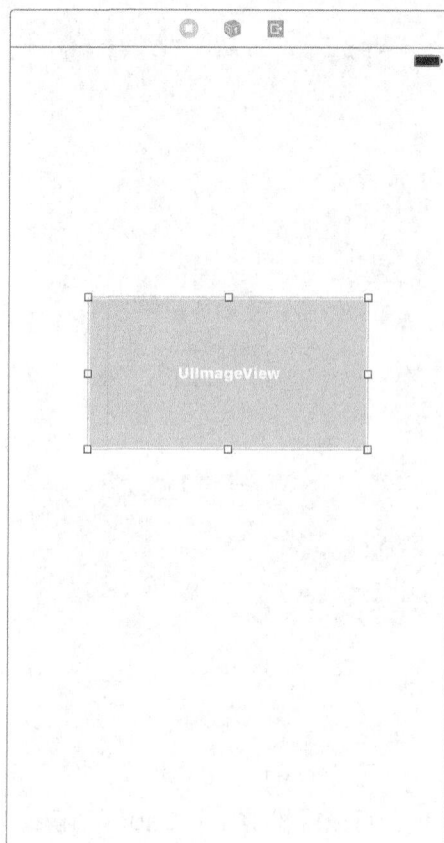

图 13-12　拖曳一个 Image View

　　然后准备一张 png 格式的图片,拖曳到项目文件中的 Assets.xcassets 中,如图 13-13
所示。

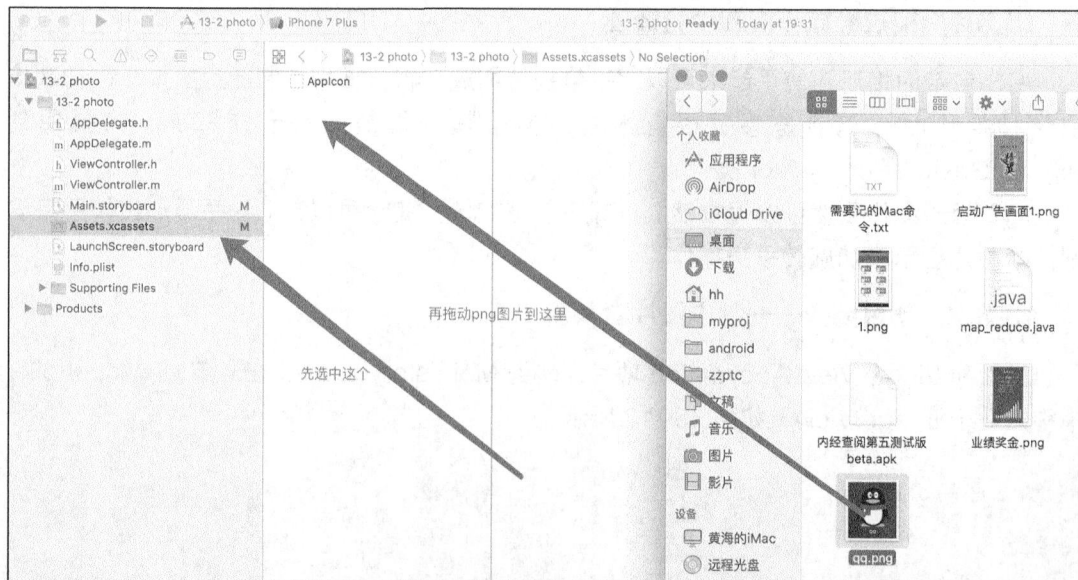

图 13-13　拖曳添加图片到项目

拖进去后，可以看到 qq 头像图片的方框，有 3 个，分别为 1x、2x、3x，如图 13-14 所示。

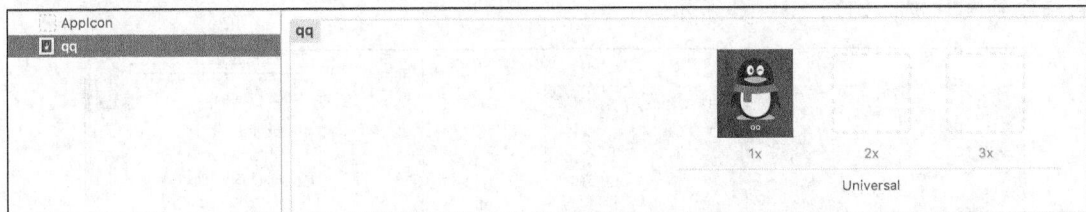

图 13-14 图片选项

这个 1x、2x、3x 表示像素比例，假如图片是 60px 像素长，放在 1x 框里，那么运行时将显示为 60 点长（iPhone 5 屏幕宽 320 点），放在 2x 框中，将显示为 30 点长，放在 3x 框中，将显示为 20 点长，可以用鼠标单击图片，拖到任意一个框中来决定其显示大小。拖动完成后，就可以在项目中用图片名引用这个图片了。

回到 storyboard，让刚才添加的 image view 显示这张图片。在 Xcode 右上角的 attribute inspector（属性编辑）中选择图片名字，如图 13-15 所示。

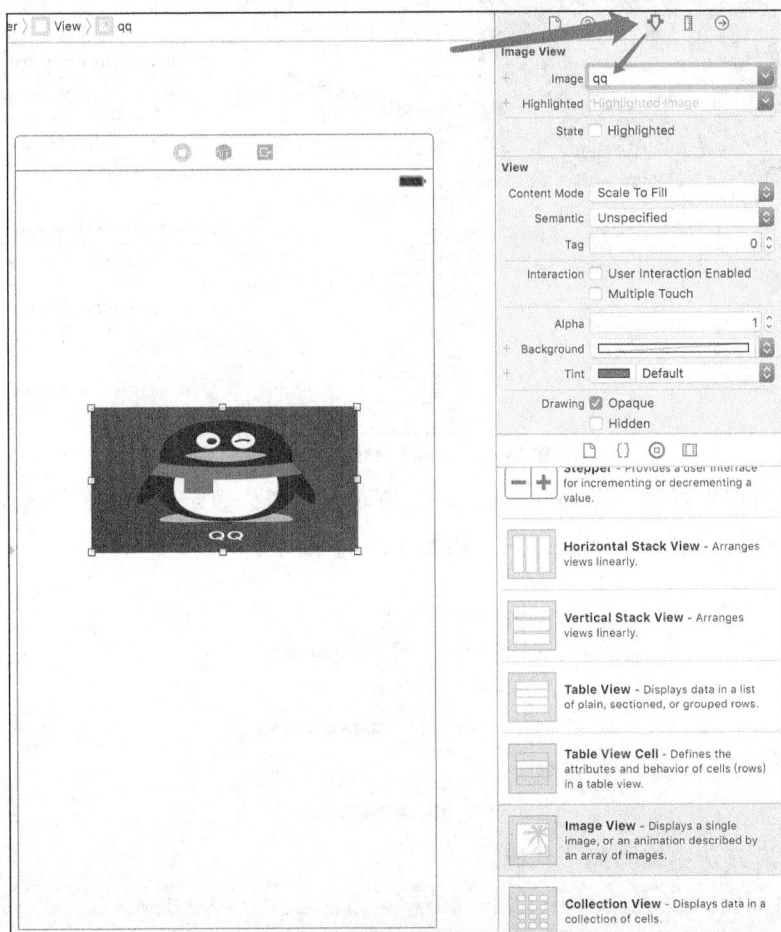

图 13-15 选择图片

选好后，调整一下图片大小。使得看上去成比例，然后记得找到 user interaction enabled 的选项并勾上。在 Xcode 右下角的控件库中找到 Pinch Gesture Recognizer，然后拖动到图片里，如图 13-16 所示。

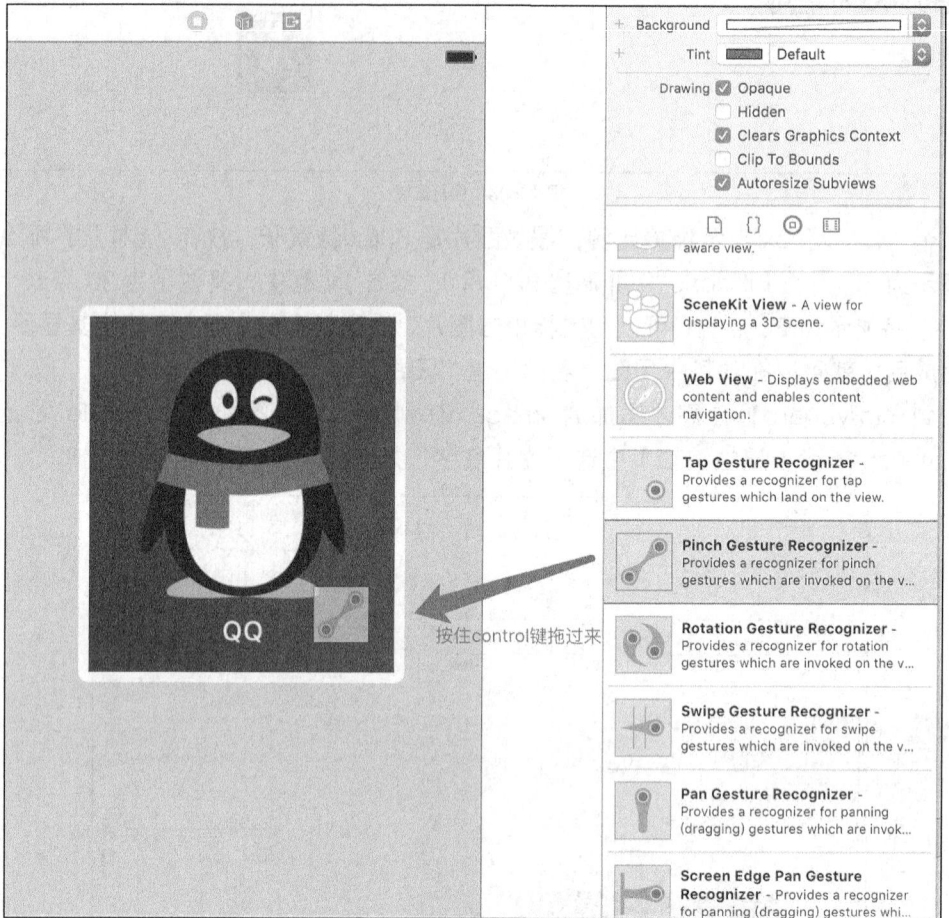

图 13-16　添加捏拉缩放手势识别器

添加完手势识别器后，单击 Xcode 右上角双圈按钮，显示代码文件，然后如 13.2 节方法建立捏拉手势识别器的响应方法，如图 13-17 所示。

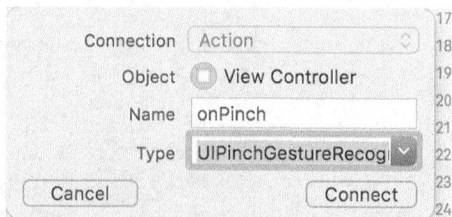

图 13-17　建立响应方法

然后在响应方法中编写如下代码。

```
- (IBAction)onPinch:(UIPinchGestureRecognizer *)sender {
    if(sender.state == UIGestureRecognizerStateBegan) {
```

```
        lastScale = 1.0;
    }


    if (sender.state == UIGestureRecognizerStateChanged) {
        CGFloat scale = 1.0 - (lastScale - sender.scale);
        CGAffineTransform currentTransform = sender.view.transform;
        CGAffineTransform newTransform = CGAffineTransformScale(currentTrans
form, scale, scale);

        sender.view.transform = newTransform;
        lastScale = sender.scale;
    }
}
```

其中的 lastScale 是对象变量，定义在类扩展中，如以下代码所示。

```
@interface ViewController ()<UIGestureRecognizerDelegate>
{
    CGFloat lastScale;
    CGFloat lastRotate;
}
@end
```

另外，所有的手势识别器类的父类 UIGestureRecognizer，有一个属性，如以下代码所示。

```
@property(nonatomic,readonly) UIGestureRecognizerState state;  // the curr
ent state of the gesture recognizer
```

其值为枚举类型 UIGestureRecognizerState，定义代码如下。

```
typedef NS_ENUM(NSInteger, UIGestureRecognizerState) {
    UIGestureRecognizerStatePossible,
    UIGestureRecognizerStateBegan,       UIGestureRecognizerStateChanged,
    UIGestureRecognizerStateEnded,       UIGestureRecognizerStateCancelled,
    UIGestureRecognizerStateFailed,
    UIGestureRecognizerStateRecognized = UIGestureRecognizerStateEnded
};
```

这个属性是用来标志手势识别的状态的，手势识别过程有若干状态。根据此节代码，可细细消化之前的响应方法代码中对手势状态属性的运用。

CGAffineTransform 是视图变换参数，请回顾第 5 章 5.1.4 节。现在可运行项目，尝试捏拉缩放手势了。

下面看一看 UIPinchGestureRecognizer 类的头文件代码。

```
NS_CLASS_AVAILABLE_IOS(3_2) __TVOS_PROHIBITED @interface UIPinchGesture
Recognizer : UIGestureRecognizer


    @property (nonatomic)           CGFloat scale;              // scale relative to
the touch points in screen coordinates
    @property (nonatomic,readonly) CGFloat velocity;               // velocity of the
pinch in scale/second


    @end
```

可以看到，只暴露了两个属性，非常简单。Scale 为捏拉缩放的缩放比例，velocity 为捏拉过程的速度。

要说明的是，所有手势识别类的父类 UIGestureRecognizer，有一个属性 view，即为该手势识别器所绑定的视图。

手势一般都是可以叠加的，下面给图片增加旋转手势，回到 storyboard，用同样的方法添加旋转手势识别器，如图 13-18 所示。

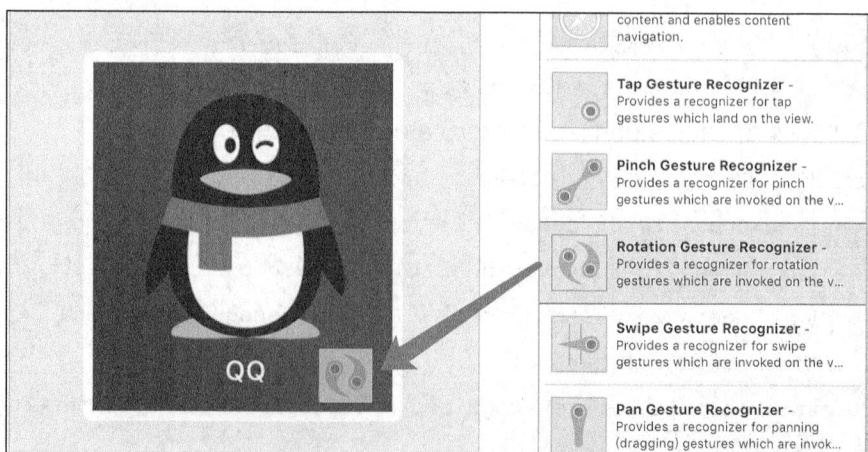

图 13-18　添加旋转手势识别器

同法为其添加响应方法，如图 13-19 所示。

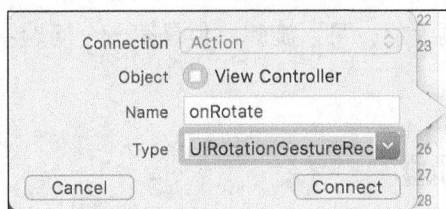

图 13-19 添加旋转手势响应方法

为响应方法编写代码如下。

```
- (IBAction)onRotate:(UIRotationGestureRecognizer *)sender {
    if(sender.state == UIGestureRecognizerStateEnded) {
        lastRotate = 0.0;
        return;
    }

    CGFloat rotation = 0.0 - (lastRotate - sender.rotation);
    CGAffineTransform currentTransform = sender.view.transform;
    CGAffineTransform newTransform = CGAffineTransformRotate(currentTrans
form,rotation);
    sender.view.transform = newTransform;

    lastRotate = sender.rotation;
}
```

其中 rotation 是 UIRotationGestureRecognizer 类的属性，UIRotationGestureRecognizer 类的头文件代码如下：

```
NS_CLASS_AVAILABLE_IOS(3_2) __TVOS_PROHIBITED @interface UIRotationGesture
Recognizer : UIGestureRecognizer

@property (nonatomic)        CGFloat rotation;
// rotation in radians
@property (nonatomic,readonly) CGFloat velocity;
// velocity of the pinch in radians/second

@end
```

该类一样简捷，rotation 为旋转的角度。

即可运行项目，尝试旋转手势了。在模拟器中操作旋转手势的方法与捏拉手势的方法基本一样，不过只是旋转而已。

此时的图片，可以捏拉缩放，可以旋转，但是有一个问题：不能同时缩放和旋转，能不能同时呢？见 13.4 内容。

13.4 手势冲突问题

上一节的项目，图片不能同时拉伸和旋转，是因为手势识别器之间有冲突。如何解决冲突呢？必须实现手势代理：UIGestureRecognizerDelegate，先在控制器头文件中声明实现了该代理，然后在 storyboard 中将两个手势识别器与控制器联系起来，如图 13-20 所示。

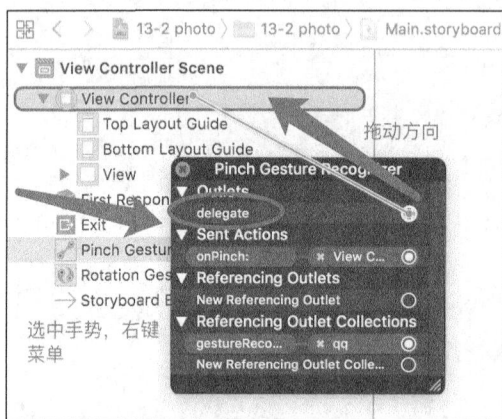

图 13-20 指定手势识别器的代理

图 13-20 只指定了 Pinch Gesture Recognizer 的代理，还要指定 Rotation Gesture Recognizer 的代理，不再赘述。指定完成后，在 ViewController.m 文件中实现代理方法如下代码所示。

```
- (BOOL)gestureRecognizer:(UIGestureRecognizer *)gestureRecognizer shouldRecognizeSimultaneouslyWithGestureRecognizer:(UIGestureRecognizer *)otherGestureRecognizer
{
    return YES;
}
```

该代理方法传入 2 个手势识别器，即为互相冲突的 2 个手势，返回 YES 表示同时识别和响应，NO 表示只响应第一个手势。

手势代理方法有很多，还有几个常用的方法如下。

```
- (BOOL)gestureRecognizer:(UIGestureRecognizer *)gestureRecognizer shouldRequireFailureOfGestureRecognizer:(UIGestureRecognizer *)otherGestureRecognizer NS_AVAILABLE_IOS(7_0);
```

```
    -(BOOL)gestureRecognizer:(UIGestureRecognizer *)gestureRecognizer shouldBe
RequiredToFailByGestureRecognizer:(UIGestureRecognizer
*)otherGestureRecognizer NS_AVAILABLE_IOS(7_0);
```

这两个方法的应用场景是：比如同时定义两个轻拍手势，一个为轻拍一下，另一个为轻拍两下。那么这两个手势有明显的识别矛盾，就需要上述方法来鉴别，比如轻拍一下手势，可以等待轻拍两下的手势识别失败后才识别。

其他代理方法，限于篇幅，不再讲述。

13.5　滑动类手势

13.5.1　滑动类手势概述

滑动类手势有如下几种。

（1）UIPanGestureRecognizer（拖曳手势识别）。

（2）UISwipeGestureRecognizer（扫动手势识别）。

（3）UIScreenEdgePanGestureRecognizer（屏幕边缘拖曳手势识别）。

其中扫动手势和屏幕边缘拖曳手势可以说是拖曳手势的特例，可以用拖曳手势来实现。拖曳手势最为灵活，比如有些 App，可以拖动某个按钮重新排序，就是用拖曳手势来实现的。

屏幕边缘拖曳手势，UINavigationController 中的页面，在返回时，可以在屏幕最左边缘往右滑动即可返回，这就是一个屏幕边缘拖曳手势。

这些手势的制作大同小异，下一节将就拖曳手势制作一个竖向滚动条。

13.5.2　项目制作——制作竖向滚动条

先新建 Single View Application 项目，转到 storyboard 界面后，拖一个 view 上去，并设置其背景色为青色，如图 13-21 所示。

图 13-21　滚动条

前几节介绍过了怎么在 storyboard 中制作手势识别器，本项目将在代码文件中用纯代码方式构建手势识别器，纯代码方式构建手势识别器甚至更简单些。先将图 13-21 中的青色背景的 view（也就是要制作的滚动条，记得检查 user Interaction Enabled 属性要勾上）跟代码文件建立关系，添加一个指向这个 view 的引用，如图 13-22 所示。

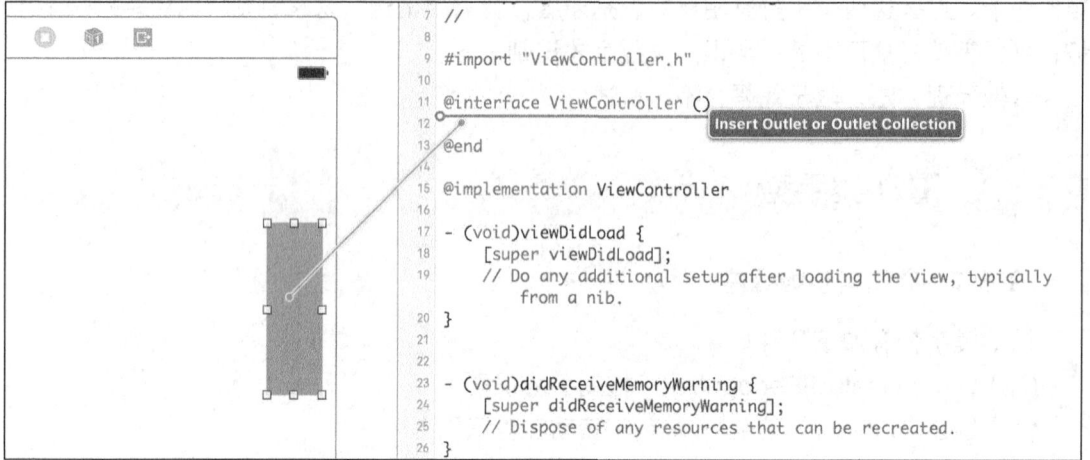

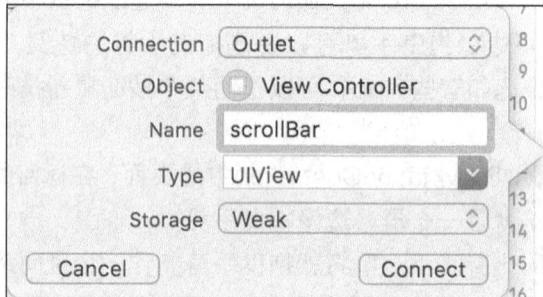

图 13-22　在@interface 节中添加对滚动条的引用

然后在 viewDidLoad 方法中添加以下代码。

```objc
- (void)viewDidLoad {
    [super viewDidLoad];
    // Do any additional setup after loading the view, typically from a nib.
    UIPanGestureRecognizer *pan = [[UIPanGestureRecognizer alloc] initWithTarget:self action:@selector(onPan:)];
    [self.scrollBar addGestureRecognizer:pan];
}

- (void)onPan:(UIPanGestureRecognizer *)sender
{

}
```

　　由代码可见，手动建立手势识别器非常简单，只要两行代码即可。其他类型的手势都可以通过这种方式制作。其中指定了手势识别器的手势事件由所在类的 onPan:方法来响应。

　　先看看 UIPanGestureRecognizer 类的头文件。

```
NS_CLASS_AVAILABLE_IOS(3_2) @interface UIPanGestureRecognizer : UIGesture
Recognizer

@property (nonatomic)                    NSUInteger minimumNumberOfTouches
__TVOS_PROHIBITED;   // default is 1. the minimum number of touches required to
match
@property (nonatomic)                    NSUInteger maximumNumberOfTouches
__TVOS_PROHIBITED;    // default is UINT_MAX. the maximum number of touches that
can be down


- (CGPoint)translationInView:(nullable UIView *)view;
// translation in the coordinate system of the specified view
- (void)setTranslation:(CGPoint)translation inView:(nullable UIView *)view;


(CGPoint)velocityInView:(nullable UIView *)view;
// velocity of the pan in points/second in the coordinate system of the specified
view


@end
```

　　这个类的定义，比之前遇到的手势识别器的类要稍微复杂一点点，但是也不算很复杂，要关注的属性主要是这两个。

```
- (CGPoint)translationInView:(nullable UIView *)view;
// translation in the coordinate system of the specified view
- (void)setTranslation:(CGPoint)translation inView:(nullable UIView *)view;
```

　　translation 表示位移，单位是 CGPoint，也就是点，对应在 x 和 y 方向各自的位移，据此，可以编写滚动条的 onPan:方法了，代码如下所示。

```
- (void)onPan:(UIPanGestureRecognizer *)sender
{
    CGPoint p = [sender translationInView:self.view];
    self.scrollBar.transform = CGAffineTransformTranslate(self.scrollBar.
transform, p.x, p.y);
```

```
    [sender setTranslation:CGPointZero inView:self.view];
}
```

　　translationInView 是指定相对哪一个 view 的位移，这里指定为 self.view，也就是整个页面的容器 view，获得这个位移数据 p，然后在 scrollBar 原来的 transform 基础上建立位移转换，之后将这个手势识别器的位移清零，这个很重要，不清零的话位移每次都会叠加，会产生意想不到的效果。

　　此时运行项目，按住这个青色的视图，四处拖动，发现可以随意拖动了。然而本项目要做的是滚动条，要让这个视图只能上下移动，不能左右移动，修改也十分简单，将 onPan: 方法的第二行代码修改为如下。

```
    self.scrollBar.transform = CGAffineTransformTranslate(self.scrollBar.trans
form, 0, p.y);
```

　　将之前的 p.x 修改为 0 就可以了，意思是在 x 轴方向不移动。这时运行，这个滚动条就只能上下移动了。

　　这里还有一个问题：上下移动会超过屏幕边界，如何令其不超过边界呢？只要加入一个判断，看当前 progressBar 的坐标和要产生的位移是否超出边界，如果超出的话，修改位移使得不超过边界即可，读者可自行实现。

13.6　小结与作业

　　建立手势识别可使用 UIGestureRecognizer 的众多子类，使用方法一般都比较简单。使用 initWithTarget:action:方法来为手势指定响应方法。使用 addGestureRecognizer 来为某视图指定手势识别。

　　作业：

　　1. 制作一个长按手势响应的案例。

　　2. 制作一个 UISwipeGestureRecognizer 的案例。

　　3. 思考哪些手势用得多？哪些手势用得少？哪些手势能极大提高用户体验？哪些手势不常用？